U0934803

国内贸易部部编
中等技工学校烹饪系列教材

烹饪原料加工技术

（第四版）

王树温　主编

中国商业出版社

编 审 说 明

国内贸易部部编中等技工学校烹饪系列教材是为了更好地为我国社会主义市场经济建设服务，主动适应我国第三产业迅速发展需要和人民饮食结构的变化，大力提高烹饪职工队伍素质，由我司根据《中华人民共和国职业工种分类目录》和有关教学文件的要求，组织有关烹饪高级讲师、特级烹调师和长期在教学第一线任教的教师编写的。经审定，可作为国内贸易部系统中等技工学校教材，也可作为职业中学、中级技术等级培训教材和企业职业自学读物。

《烹饪原料加工技术》是烹饪系列教材之一，本书在原商业部统编教材的基础上作了重大修订。由山东省饮食服务学校讲师特一级烹调师王树温主编。参加编写的有王树温（序言、第五章）、曲维刚（第一章）、王振才（第二章）、毛方玺（第三章）、王志宵（第四章）、孙学斌（第六章）、杨爱民（第七章），由王新之绘图，王树温、孙学斌、王振才、杨爱民菜品制作，最后由有关专家教授集体审阅。

在编写过程中得到了许多学校领导和教师的大力支持，在此一并致谢。由于编写时间仓促，水平有限，缺点疏漏在所难免，请广大读者提出宝贵意见，以便进一步修订完善。

国内贸易部教育司

1994 年 10 月

修订说明

《烹饪原料加工技术》是原国内贸易部部编中等技工学校烹饪系列教材之一，自1994年出版发行以来，经过几次修订，深受系统内外中等技工学校、各类职业技术等级培训单位师生的好评。但是，随着社会主义市场经济的确立和逐步完善，人民生活水平的日益提高，对烹饪原料加工技术的要求也不断提高，因此，适时对本教材进行重新修订，很有必要。

本次修订工作，仍由原编写人员承担，山东省饮食服务学校高级讲师、特一级烹调师王树温继续担任主编并总纂全书，王树温、王振才、曲维刚承担了主要修订任务。最后，由有关专家教授集体审阅定稿。

由于修订时间较紧，敬请广大读者对书中的疏漏之处继续赐教，以便于再次修订。

编　者

2000年2月

目　　录

概　论

《烹饪原料加工技术》是烹饪技工学校的专业技术课教材。烹饪原料加工的目的是为烹调提供适合运用的成形原料。它以烹饪原料的加工为研究对象，以加工的具体工艺为研究内容。主要包括：鲜活原料的初步加工，干制原料的涨发，出肉、取料和整料去骨，刀工技术，配菜，凉菜拼摆和食品雕刻等。

烹饪原料加工工序，可以分为粗加工、细加工和成品加工。

粗加工，主要包括鲜活原料的初步加工、干制原料的涨发、出肉和取料等。鲜活原料是烹制菜肴的主要物质，品种繁多，性状各异，绝大多数都不能直接用来烹调，必须按照它们的不同种类、性状，运用不同的方法进行初步加工。新鲜蔬菜中或多或少混有泥沙污物，带有黄叶、老根、粗皮等，需要洗涤、摘除；水产、家禽、家畜及内脏等原料中含有不能食用的部分，需要经过洗涤、去骨、去皮、宰杀、去脏、去鳞、褪毛、除杂等加工。这是原料成形前的加工，是加工技术的基础阶段，是为成形加工（细加工）所做的准备工作。

初步加工的好坏，直接影响菜肴的色香味形和营养卫生以及成本核算。干制原料的涨发，是一项比鲜活原料加工更为复杂的工艺。干制原料是经晒、晾、烘、炝、腌等不同方法脱水干制而成的，具有干硬老韧的特点。加工时，要采用水发、碱发、油发、盐发等方法，对不同干料进行不同程度的泡、煮、焖、蒸、浸、漂等，使其吸收水分，恢复各自原有的鲜嫩、松软，并除去杂质和不良气味，便于切配和烹调。出肉和取料，是在一定的初加工之后、细加工之前进行的，是按照切配和烹调的要求，对动物性原料的加工，并根据各部位的特点，进行选择。出肉和取料，必须熟悉原料的部位分布、组织结构和肉质用途，做到下刀准确、选择恰当。

细加工是在粗加工的基础上进行的。主要包括刀工技术、配菜、整料去骨和食品雕刻等。刀工技术是根据烹调和食用的要求，运用不同的刀法，将原料加工成一定形状的操作过程。刀工是加工技术中的关键工序，是重点和难点。刀工的使用范围很广，主要适用于原料初步加工，生熟原料成形以及食品雕刻。生熟原料成形所使用的刀法，根据刀与墩面或原料接触的角度可划分为直刀法、平刀法、斜刀法、剞刀法以及食品雕刻中的切、削、刻、戳、旋等。利用这些不同的刀法，可以加工出整齐均匀、大小厚薄一致、便于成熟、便于入味并便于食用的块、片、丝、条、丁、茸泥等常见形状和美化菜肴形态的麦穗形、荔枝形、菊花形、蜈蚣形、球形等以及多种多样栩栩如生的动、植物形物态。整料去骨是利用精细的刀工技法，将完整的动物躯体内的骨骼剔出，仍保持其原有形状的加工工艺。配菜则是紧接刀工的一道工序，人们往往把配菜与刀工联系在一起，统称切配。配菜分三种类型，一是单只热菜的配菜，一是整桌宴席的配菜，一是凉菜的配菜。

成品加工是将经过加热入味的原料或不须加热可直接食用的生料进行切配、装盘、点缀、衬托等方面的加工，如凉菜拼摆和某些热菜的改刀装盘。凉菜拼摆是菜肴定形、定量、定质、定色、定味的最后阶段。原料装盘后，直接与食用者见面，要求刀工精细、拼摆得体、讲究卫生。拼摆的手法主要有摆、堆、围、排、叠、覆等，拼摆的形式有一般拼盘和花色拼盘多种。点缀、衬托能达到画龙点睛的效果。

烹饪原料加工技术，是整个烹调技术的重要组成部分，在菜肴的制作过程中占极其重要的地位，起着举足轻重的作用，主要表现在：

1. 便于成熟、入味。烹调中使用的原料，有的形状过大，有的大小不一，形态多样。实践证明，原料的形状和加工与否，与加热的时间、火力密切相关，与调味品的渗透紧密相连。形状较大、体态丰腴的原料不易成熟，烹制费时费力，若把形状大小不等、形态各异的原料放在一起烹制时，小的熟了、大的还夹生；待大的熟了、小的就老了或已焦糊，造成成熟度不一，影响菜肴质量。运用刀工技术，将形大的原料改小，改细，改薄，根据原料的不同性质加工成不同大小、厚薄、长短、粗细的块、片、条、丁、茸泥等形状或剞上各种密度、深度刀纹，以此扩大原料的受热面积，调味品的滋味容易渗透于原料内部，从而保持菜肴的风味特色，取得质感、味道融于一体的效果。

2. 方便食用。整形、大块的原料对食用很不方便，又不适应文明饮食的需要。通过一定的加工，或剔去骨、或剥去皮，使原料由大变小、由整变碎、由粗变细，使之便于入口、便于咀嚼，进而促进人体的消化吸收。

3. 美化形态。我国的菜型丰富多彩，除了加热、调味等因素改变原料性状以外，一块肉、一条鱼和某些内脏以及部分水产品都可以加工成多姿多态的美食品。使用普通的原料，经过拼摆、镶、嵌、叠、卷、包、排、围、扣等工艺手法，可以制成艺术与技术溶为一体的千姿百态、式样各异、造型优美、生动别致的菜肴。刀技加工、拼摆、配菜等工艺不仅能对菜肴进行造型美化，而且对增加和丰富菜肴的品种起到重要作用。

4. 确保营养和卫生。原料经过加工，才能达到营养与卫生的要求。营养卫生是整个烹调过程中应特别注意的问题，在加工工艺中显得尤为重要。任何未经加工处理的原料，都或多或少带有污物，有的本身还带有一些不能食用的部分。对原料加工时，必须将所有污物和杂质清除干净，否则将影响菜肴的质量。每种原料都含有一定的营养成分，在加工时要尽可能加以保存。例如一般的鱼都须去鳞，但新鲜鲥鱼、鳓鱼的鳞则不可去掉，因为它们的鳞片中含有大量的脂肪。青菜中含有丰富的维生素，极易流失，所以在对其加工时要先洗后切，防止营养素从刀口处流失。由此可见，原料加工技术是确保菜肴卫生、保护营养成分不受损失或少受损失的一项重要措施。

5. 合理配菜。配菜是根据烹调和食用的要求，将加工成一定形态的各种原料进行适当搭配，使其成为一份完整的菜肴原料或直接食用的菜肴。配菜，实际上是使菜肴具有一定质量形态的设计过程。已经加工成形的原料，在未经配菜前，都是独立存在的单一原料，如肉丝、肉片、鱼块等，不能直接用来烹制，只有按烹制菜肴的不同要求，也就是按形、色、量、质的要求合理搭配，才能形成一份完整的菜肴原料。合理配菜就是指将数种不同的原料在用量、形状、质地、色彩等方面，分门别类地、恰当地归类在一起，使其相互衬托、有所突出，烹制出色、香、味、形以及营养成分俱佳的菜肴。

宴席的配菜是在单只菜肴配菜的基础上，着重对单只菜肴进行选择、组合与搭配，使宴席的菜肴形状多样、口味丰厚、色彩相宜、营养丰富。配菜是为了使菜肴多形多姿，是为了菜肴色、香、味、形的具体化，是形成菜肴内容和宴席规格质量的重要手段。

第一章　刀工技术

第一节　刀工设备

一、刀工的主要设备

所谓刀工设备，是指在加工烹饪原料过程中所使用的工具。主要包括各种刀具和衬垫工具等设备。

由于烹饪原料品种繁多、性质各异，因此，所使用的刀具形状和功能也各不相同。衬垫工具主要有木质的墩和板，在专业中采用墩较为普遍。由于木质与加工处理方法不同，质量也有所差异。要学好和掌握好刀工技术，就必须了解和掌握刀工设备方面的知识。

二、刀的种类及主要用途

供给中餐烹调所用的原料种类繁多，性质各异，有的带骨，有的带筋，有的韧性较强，有的质地脆嫩，只有了解和掌握好各种类型刀具的不同性质和用途，才能根据原料的不同性质选用相应的刀具，将不同性质的原料加工成整齐、美观、均匀一致，适应于烹调要求的形状。

刀具种类很多，较为常见常用的有切刀、片刀（也叫薄刀）、砍刀（也叫劈刀）、尖刀、前切后砍刀、烤鸭刀、羊肉片刀（也叫涮羊肉刀）、馅刀、剪刀（即剪子）、镊子刀、刮刀、刻刀等。

1. 切刀：刀身略宽，长短适中，应用范围较广，既能用于切、片、剁等加工片、条、丝、丁、末、块、茸泥等原料形状，又能用于加工略带碎小骨或质地稍硬的原料，应用较为普遍。切刀从形状来划分，可分为马头刀、方头刀和圆头刀等。根据各地的习惯，圆头刀一般在江、浙等地常用；方头刀一般在川、粤等地使用较多；马头刀习惯上称为北京刀，主要在北方各地常用。

2. 片刀：特点是重量较轻，刀身较窄而薄、钢质纯，刀口锋利，使用灵活方便。主要用途是加工片、条、丝等原料形状。

3. 砍刀：刀身比切刀长而宽、重，呈拱形。主要加工带骨或质地坚硬的原料，加砍猪头、鸡、鸭、鹅、排骨等，是一种专用刀具。

4. 尖刀：刀形前尖后宽，基本呈三角形，重量较轻。多用于剖鱼和剔骨，在西菜制作中使用较多。

5. 前切后砍刀：刀身大小与一般切刀相同，刀的根部较切刀略厚，前半部分薄而锋利，重量一般1000克至1500克。特点是既能切又能砍。

6. 烤鸭刀（也叫小片刀）：形状和片刀基本相似，区别在于刀身比片刀略窄而短，重量轻，刀刃锋利。专用于片熟烤鸭肉。

7. 羊肉片刀：重量较轻，一般500克左右，特点是刀刃中部呈弓形。刀身较薄，刀口锋利，是切涮羊肉片的专用刀具。

8. 馅刀：刀身呈长方形，较长而薄，重量800克左右，刀刃锋利。适于排剁蔬菜。

9. 剪刀（剪子）：多用于加工整理鱼、虾类原料，如剪须和鱼鳍等。

10. 镊子刀：刀身长约20厘米，前半部分是刀，呈三角形；后半部分是镊子，也是刀柄部分。主要用于对原料的初步加工，刀可用于割、剖、刮等，镊子部分专供摘毛。

11. 刮刀：体形较小，刀刃不甚锋利。多用于刮去菜板上的污物，有时也用于鲜鱼除鳞。

12. 刻刀：用于食品雕刻的专用工具。种类很多，多由使用者自行设计制作。在食品雕刻章节中有详细介绍，此处不赘述。

三、刀与菜墩的使用及保养

刀与菜墩的选择及使用和保养方法是否得当，直接关系到刀工操作和加工的原料形状。

（一）刀的使用与保养

刀具要选用钢质纯、钢火适中，并且必须经常保持锋利、不锈，确保刀工的顺利操作和经刀工处理后的原料形状整齐、均匀、利落、美观，符合烹调的要求。

1. 刀的一般保养方法。在进行刀工过程中，必须养成良好的操作习惯和使用方法。刀用完后必须用清洁的抹布擦干水分和污物，特别是切咸味、带有粘性或腥味的原料，如咸菜、藕、鱼、茭白、山药等。因为切过原料之后，粘附在刀面上的物质容易使刀身氧化、变色、锈蚀。长时间不用的刀，应擦干后在表面上涂一层油，以防止生锈。刀使用完以后，应放安全、干燥处，以防刀刃损伤或伤人。

2. 磨刀的工具与方法。磨刀有专用的磨刀石，常用的磨刀石有粗磨刀石、细磨刀石和油石三种。粗磨刀石的主要成分是黄沙，质地松而粗，多用于磨有缺口的刀或新刀开刃；细磨刀石的主要成分是青沙，质地坚实，容易将刀磨快而不易损伤刀口，应用较多；油石窄而长，质地结实，使用方便。磨刀时，一般是先在粗刀石上将刀磨出锋口，再在细磨刀石上将刀磨快。这样二者结合，既能缩短磨刀时间，又能提高刀刃锋利程度。

磨刀前先要把刀面上的油污擦洗干净，再把磨刀石安放平稳，以前面略低，后面略高为宜，磨刀石旁边放一碗清水。磨刀时，两脚自然分开或一前一后站稳。胸部略微前倾，一手持刀柄，一手按住刀面的前段，刀口向外，平放在磨刀石面上，然后在刀面或磨刀石面上淋水，将刀面紧贴磨刀石，后部略翘起，前推后拉。用力要均匀，视石面起沙浆时再淋水；刀的两面及前后中部都要轮流均匀磨到。两面磨的次数基本相等，只有这样才能保持刀刃平直、锋利。磨完后洗净擦干。然后将刀刃朝上，放在眼前观察，如果刀刃上看不见白色的光亮，表明刀已磨好。也可将刀刃轻轻放在手指甲盖上，以刀自身重量前推或后拉，如有涩的感觉，即表明刀口锋利，反之，还要继续磨。

（二）菜墩的使用与保养

菜墩又称砧墩、剁墩，是对原料进行刀工操作时的衬垫工具。

菜墩最好选用橄榄树或银杏树、榆树、柳树等材料来做，因这些树的木质坚密。用于制墩的材料要求皮壳完整，树心不空、不烂、不结疤。墩的截面应微呈青色，而且颜色均匀无花斑。具备这些条件，说明是锯下不久的材料制成的，质量较好。若墩面呈灰暗色或有斑点，说明树锯下后隔了较长时间才制成的，质量较差。

新购买的菜墩可在盐卤中浸泡或不时地用水和盐涂淋表面、使墩的木质收缩而更为结实、耐用。在使用过程中，应经常转动墩面，使墩的表面各处都能均匀用到，尽量延缓墩面凹凸不平现象的产生，如果出现凹凸不平时，可随时用铁刨轻轻刨除凸起部分，或用刀砍平，以保持墩面的平滑。每次使用完毕应将墩面刮净。一天工作结束时更应该将墩面刮净、刷净、晾干，用洁布或墩罩罩好。切忌在太阳下曝晒，以防干裂。

第二节 刀 工

一、刀工的概念和重要性

刀工是根据烹调和食用的要求，采用相适应的刀具和刀法，将烹调原料加工成一定形状的操作过程。

种类繁多、性质各异的烹调原料，经过初步加工处理以后，绝大多数在正式烹调之前都必须经过刀工处理，有少数原料虽能直接烹调，却又不便于食用。要想既便于烹调又方便食用，就必须经过刀工处理。此外，随着烹饪技艺的发展，人们消费水平的提高，人们在用餐过程中，不仅要满足物质享受的需要，而且要满足精神享受即美的享受需要，这就对刀工技术提出了更高的要求。刀工已不单纯局限于改变原料的形状和食用需要，而要注意原料形状和菜肴成品的美化，使制成的菜肴不仅滋味可口，而且形象美观，赏心悦目。由此可见，刀工是整体烹调技术不可缺少的重要组成部分，也是整个烹调过程中的重要工序之一。几千年来，我国劳动人民，特别是从事烹调工作的技术人员通过不断实践，创造、总结出很多精巧的刀工技术，积累了丰富的宝贵经验，使我国烹调技术中的刀工，不仅具有精湛技术性，而且具有较高的艺术性。

我国的菜肴历来讲究色、香、味、形、器、质、养、量、洁、意，而其中的形和意与刀工有着最为密切的关系。早在两千多年前就有“割不正不食”的说法，当时所说的“割”就是现在所讲的刀工技术。

二、刀工的基本要求

1. 姿势正确。刀工是比较细致而且劳动强度较大的手工操作，除了平时注意锻炼身体，保证健康的体格，有较耐久的臂力和腕力，还要有正确的刀工操作姿势。刀工的基本操作姿势，主要从既能方便操作，有利于提高工作效率，又能减少疲劳，有利于身体健康等方面来考虑。正确的操作姿势，一般情况下，操作时应两脚自然分立站稳，上身略向前倾，前胸稍挺，不要弯腰曲背；精神集中，目光注视菜墩上两手操作的部位，身体与菜墩应保持一定的距离，菜墩放置的高度应以方便操作为准。

2. 动作规范。在刀工操作过程中，动作必须自然、优美、规范。用刀的基本方法一般是右手持刀，以拇指与食指捏住刀箍，全手握住刀柄。握刀时手腕要灵活而有力。一般用腕力和小臂的力量。左手控制原料，随刀的起落而均匀地向后移动。刀的起落高度，一般刀刃不能超过左手指的第一骨节。总之，左手持物要稳，右手落刀要准，两手的配合要紧密而有节奏。

3. 合理用料。合理使用原料，是整个烹调工作的一条重要原则，刀工过程中更应遵循。主要应掌握计划用料，合理搭配，大材大用，小材小用，以达到物尽其用。特别是将大料改小时，落刀要心中有数，务必使各档原料都能得到充分利用。

4. 配合烹调。刀工一般情况下是与配菜同时进行的，也就是边切边配，可以说刀工是烹调前的最后一道工序。原料成形是否符合要求，直接影响着菜肴的质量。如炒、爆、汆等烹调方法，所采用的火力强、加热时间短，成品要求脆嫩或滑嫩，就要注意将原料加工得薄小一些；过分厚大就不易成熟。反之，如果是焖、炖、煮等烹调方法，采用慢火，加热时间较长，成品要求酥烂、入味，原料形状就要厚大一些。如果原料的形状过分薄小，就容易碎烂甚至成糊状，既影响质量和美观，也影响人们的食用。所以，刀工要密切配合烹调，适应烹调的需要。

5. 刀法运用恰当。在刀工操作过程中，各种刀法必须运用恰当。同时还要掌握好各种刀法的操作要领。由于原料有脆、韧、松、软、硬、有骨和无骨等区别，刀工处理过程中所采用的刀法也应有所不同。一般情况下，脆性原料采用直刀法中的直切加工，韧性原料采用推切、拉切或锯切加工，硬的或带骨的原料采用剁的刀法加工。

6. 整齐、均匀、利落。经过刀工处理的各种原料，必须整齐划一，大小、粗细、厚薄均匀，没有连刀现象。否则不但会影响成品的美观，而且还会造成成熟度不一致。刀工要达到整齐、均匀、利落。除了加强基本训练外，还必须注意：①刀刃无缺口，随时保持锋利。②墩面要平整，切忌凹凸不平。③运刀用力要均匀，加勿前重后轻，先用力后松劲。

7. 符合卫生要求。在刀工操作过程中，从原料的选择，到工具、用具的使用，都要做到清洁卫生，生熟原料要分墩、分刀进行，做到不污染、不串味，确保所加工的原料清洁与卫生。

三、刀工的作用

刀工不仅能改变和决定原料的形状，而且对菜肴制成后的诸多方面都起着重要的作用。

1. 便于成熟。烹饪原料品种繁多，形态、质地各异，烹调方法多样，操作特点各不相同。刀工要因料而宜，因烹调方法而决定加工原料形状。大形的原料只有通过刀工处理，成为整齐划一较薄小的形状，才能便于成熟，并能保证成熟度的一致，较好地突出菜肴鲜嫩或酥烂的风味特色。

2. 便于入味。许多烹调原料，如不经过刀工的细加工，烹调时调味品的滋味就不容易渗透入原料内部。只有通过刀工处理，将原料由大改小，或在表面剞上一定深度的刀纹，调味品才可渗入原料内部，使成品口味均匀、一致。

3. 便于食用。中餐的就餐工具主要是筷子或汤匙，形状过大的原料食用起来是不方便的。如整头的猪、牛、羊，整只的鸡、鸭、鹅等，不经刀工而直接烹调。食用时就很不方便，而经过去皮、剔骨、分档、切、片、剁、剞等刀工处理后再烹调，或烹调后再经刀工处理，食用时就方便多了。

4. 美化形态。刀工能把各种不同形状的原料加工得整齐美观，各种原料形状规格一致，整齐划一，长短相等，粗细厚薄均匀，看上去清爽、利落，外形美观，诱人食欲。至于花色菜肴，更显出刀工的作用。所谓“刀下生花”，就是赞美刀工美化原料形态的技艺。如在某些原料表面划上一些不同深度的刀纹，经加热后，就能形成各种不同的美丽的花色形态。或将原料切割成各种动、植物形态，如金鱼、小鸟、蝴蝶、梅花等，从而使菜肴的形态更加美观。

第三节　刀　法

一、刀法的概念

刀法是使用刀具的各种方法。也就是将烹调原料加工成一定形状时所采用的各种不同的运刀技法。各种刀法能否熟练运用，是体现刀工技术好坏的主要标准，只有熟练地掌握和运用各种刀法，才能使刀工达到准、快、巧、精、美的要求。刀法是我国烹调师在长期的实践中，根据原料的性能、形态以及烹调的具体要求逐步探索积累而成的。随着烹调技术的不断发展和提高，刀法也将不断改进。通过学习，不但要求正确地掌握和运用各种刀法，而且要求在技能熟练的基础上不断丰富其内容和提高技术水平。

二、刀法的分类及分类依据

刀法的种类很多，各地的刀法名称和操作要求虽有差异，但基本方法和要求是一致的。操作时，根据刀刃与菜墩或原料接触的角度，可以把刀法分为直刀法、平刀法、斜刀法、剞刀法、其他刀法等五类。常用的具体刀法有切、片（批）、剁、剞等。

三、各种刀法的操作要领及适应范围

（一）直刀法

直刀法是指刀刃与菜墩或原料接触成直角的一类刀法。主要包括切、剁、砍等。

1. 切。一般用于无骨的原料。操作要领是将刀对准原料，由上而下地切下去。由于无骨的原料也有老、嫩、脆、韧的区别，故在切时又有许多不同手法。根据用力方向或操作形象主要有以下几种具体切法：

(1) 直切（又叫跳切）。这种方法一般用于加工脆性原料，如莴苣、黄瓜、白菜等。要领是，左手按稳原料，右手持刀，一刀一刀笔直地切下去。

直切的具体要求是：①左右两手必须有节奏地配合。切时，左手手指自然弯曲呈弓形，按住原料，中指指背倚住刀

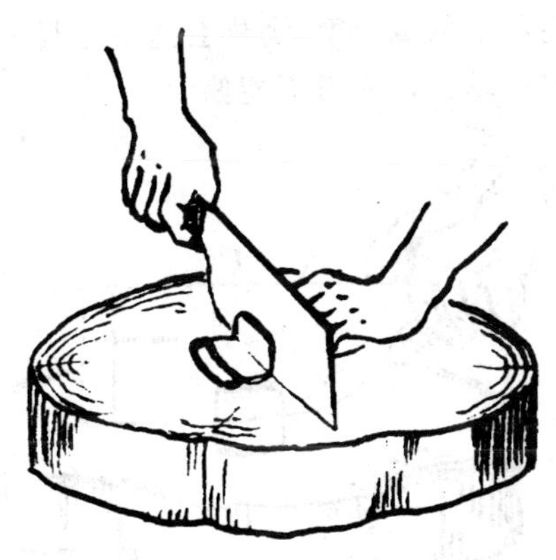

直切示意图

身，随刀的运行，手自然地向后移动；右手执刀以左手向后移动的距离为标准，将刀紧贴着左手中指指背下切。左手向

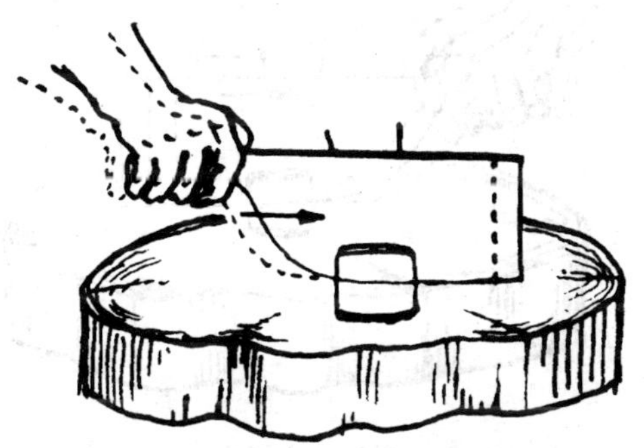

推切示意图

后移动的距离是否均匀，是决定原料大小、厚薄均匀与否的关键。因此，必须注意随时作左手向后移动的练习。②右手持刀向左边移动边切，这种移动乃是一种连续而有节奏的间歇运动，即移动一点，切一刀，再移动一点，再切一刀，每

次移动的距离不能忽宽忽窄，那样会造成原料形状不整齐，不均匀。③下刀应垂直，刀刃不能偏斜。

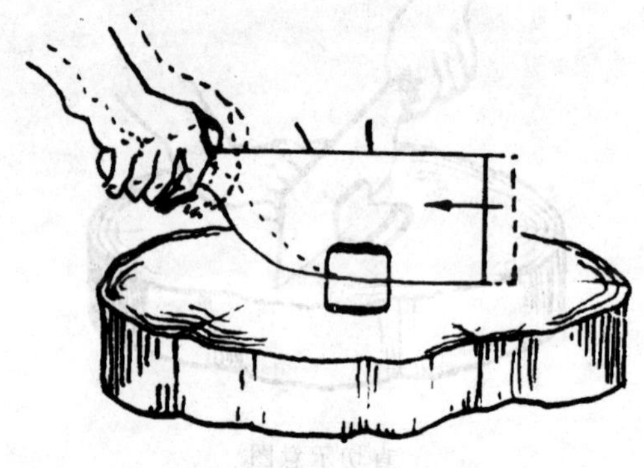

拉切示意图

锯切示意图

（2）推切。一般用于比较薄小的原料，这些原料如用直切刀法容易破碎散裂。推切的操作方法是：刀刃垂直向下，由里向外推动下去，着力点在刀的后端。一刀推到底，不再拉回来。切熟肥肉、百叶肉丝等都适宜用推切法。

（3）拉切。这种刀法一般用于切质地坚韧的原料。拉切的操作方法是刀刃垂直向下，由外向里拉，刀的着力点在前端，例如切肉片，往往叫拉肉片。有时拉切与剁结合运用，先直剁再向里拉切，也叫剁拉切，如切鸡丝等。

（4）锯切（又叫推拉切）。适用于切质地松散的原料。例如切涮羊肉、回锅肉、火腿、面包等。锯切的操作方法是先将刀向前推，然后再向后拉，这样一推一拉，像拉锯一样地切下去。

锯切刀法的要求是：①落刀要直，不能偏里或偏外。如果落刀不直，不仅切下来的原料形状厚薄不一，而且还会影响到以后的落刀部位。②落刀不能过快，用力也不能过重，应先轻轻锯拉数下，待刀切入原料一半或三分之二左右时，再用力切下去。③锯切时左手要按稳原料，一刀未切完时不能移动，因刀要前推后拉。若原料移动，落刀就会失去依据。

（5）铡切。铡切有两种切法。一种是，切时右手握住柄，并使刀柄高于刀的前端，左手按住刀背前端使之着墩，并将刀刃的前部按在原料上，然后对准要切的部位用力向下压切下去；另一种是，右手握住刀柄，将刀放在原料要切的部位上，左手握住刀背前端，两手交替用力压切下去。还有一种类似铡切的方法，右手握住刀柄，将刀刃放在原料要切的部位上，左手掌用刀猛击刀背，使刀切下去。

铡切刀法通常适用于带壳的或体小形圆易滑，以及略带较小骨头的原料，如切螃蟹、烧鸡、盐水鸭、带壳的蛋类等。

铡切刀法的切法有两种，要求是：前一种切法，要将刀对准要切的部位，并且不使原料移动。压切时动作要快，做到干净利落，一刀切好，以保持原料整齐，并且不使原料内部的汁液溢出。后一种切法除上述要求外，还要求两手用力均匀。

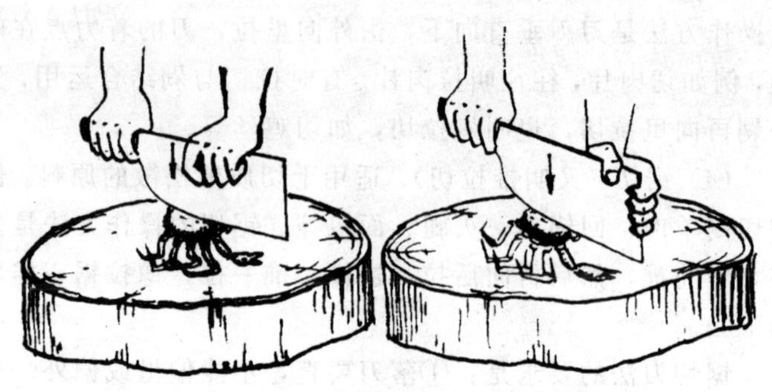

铡切示意图

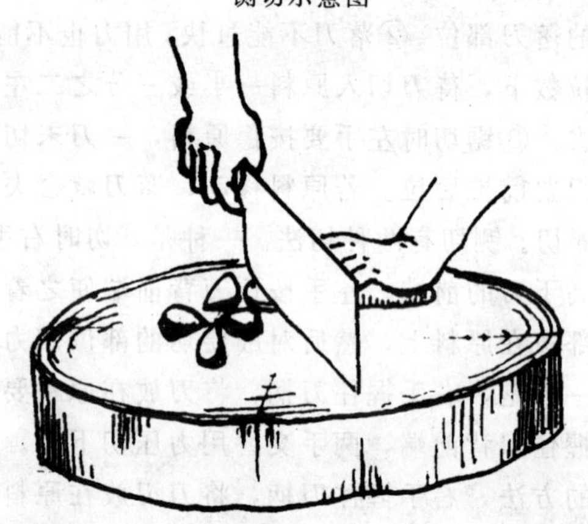

滚切示意图

（6）滚切。滚切不是刀滚动，而是原料滚动，所以也叫滚料切。每切一刀，将原料滚动一次，然后再切再滚动。主要在把圆形或椎形的质地脆的原料切成“滚料块”时使用，如切萝卜、土豆、山药、胡萝卜、笋等。滚切刀法的要求是：左手滚动的原料的斜度要适中，右手紧跟原料的滚动将刀以一定的角度切下去。这种刀法可以切成多种多样的块，如剪刀块、楞块、木梳背块等。关键是在切同一种块形时刀的角度应基本保持一致，这样才使切下来的原料大小划一。

以上是切的几种方法，要真正熟练地运用这些方法，平时就要刻苦学习。练习的方法很多，在不用原料的情况下，可以用左手按在墩上，和持物姿势一样，右手中指指背抵住刀面，右手持刀，随着左手的后移，一刀一刀切下去，也可在墩面上垫上纸条，观察刀距离是否均匀。此外，在切原料时，还要根据原料的性质、纤维纹路而采取顺切、横切、斜切等不同的切法。例如，牛肉的纤维较粗，采用顺丝切，就不易烹调出软嫩酥烂的菜肴，如果与纤维丝路成直角横切就可把纤维及韧带切断，烹制成熟后就不觉老硬了。

2. 剁（又叫斩）。剁是将无骨的原料制成茸泥状的一种刀法。主要用于制馅和丸子等。有单刀剁和双刀剁两种。为了提高工作效率，通常左右两手各持一刀同时操作，这种剁法也叫排剁，而单刀剁也叫做直剁。

（1）排剁。一般适用于将无骨软性的原料加工成茸泥状。两刀之间要间隔一定的距离。操作时两刀一上一下，从左到右、从右到左地反复排剁，每剁一遍要翻动一次原料，直至原料剁成细而均匀的茸泥。如遇天冷，可以将刀放在温水中浸一浸再剁，以免粘刀。

（2）直剁。一般适用于较硬而带骨的原料。剁时左手抓住原料，右手将刀对准要剁的部位，用力直剁下去。要一刀剁断，才能保持原料整齐。若再复剁第二刀，就很难照原来的刀口剁下去，这样不仅影响原料形状整齐，而且可使原料带有一些碎肉碎骨，影响菜肴质量。因此，直剁要准而有力，一刀剁到底。

3. 砍。砍通常用于加工带骨的或者是质地坚硬的原料。砍的操作方法是：右手紧握刀柄，对准要砍的部位，用力砍下去。砍有直砍、跟刀砍、开片砍等几种。

排剁示意图

直剁示意图

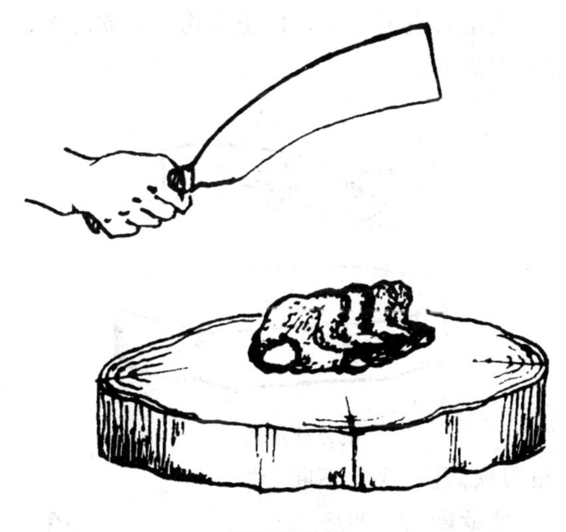

直砍示意图

跟刀砍示意图

(1) 直砍。将刀对准原料要砍的部位用力向下直砍，多用于带骨的肉类。直砍刀法的要求是：①要用臂膀的力，这与主要用腕力的切不同，用的力要比切大。②原料要放平稳，左手持料应离落刀点远一些，以防砍伤。③砍时要把刀柄握紧，最好一刀砍断。

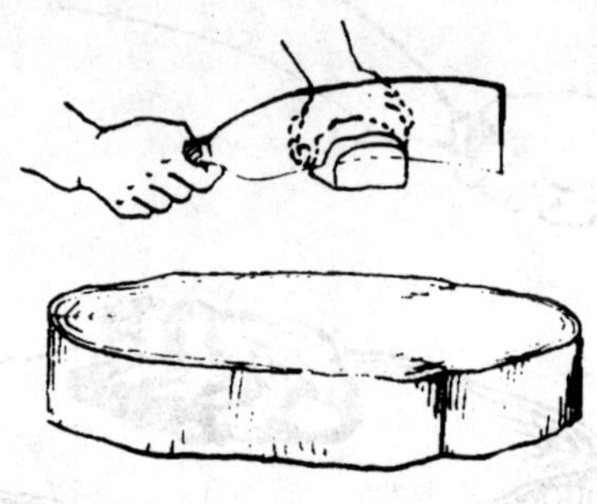

跟刀砍示意图

（2）跟刀砍。凡一次砍不断，须连砍数刀方能砍断的，叫跟刀砍。跟刀砍的操作方法是：对准原料要砍的部位先直砍一刀，让刀嵌进原料要砍的部位，然后左手扶住原料，随着右手上下起落直至砍断原料。砍时，刀必须牢稳地钳在原料上，不能使其脱落，否则容易发生砍空或伤手等事故。

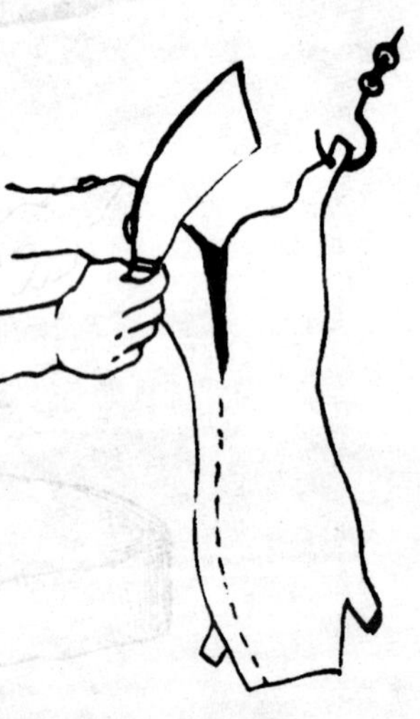

开片砍示意图

（3）开片砍。这种砍法一般用于整只的猪、羊等原料。砍时将整只猪、羊后腿分开吊起来，先用刀在臀部，从尾至头将肉割到骨头，然后顺脊骨开片砍到底，使其分为两半。

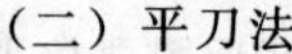

（二）平刀法

平刀法是刀面与墩面接近平行的一种方法，一般用于加工无骨的原料。其操作方法是将刀平着批进原料，而不是从上而下地切入。可分为推刀片、拉刀片、平刀片、抖刀片等几种具体的方法。

平刀法示意图

推刀片示意图

1. 推刀片。这种片法一般适用于加工较脆的原料，如片茭白、冬笋、榨菜等。推刀片的操作方法是：左手按稳原料，右手执刀，放平刀身，使刀面与墩面接近平行，然后由里向外将刀刃推入原料。推刀片的要求是：①按原料的左手不能按得太重，以使原料在片时不致移动为度，随着刀刃的推进，左手手指可稍翘起。②按住原料的左手，其食指与中指应分开一些，以便观察原料的厚薄是否符合要求。

拉刀片示意图

2. 拉刀片。这种片法一般适用于略带韧性的原料，如片各种肉片等。拉刀片的操作方法是：左手按稳原料，右手执刀，放平刀身，使刀面与墩面接近平行，刀刃片进原料后不是向外推，而是向里拉进去，拉刀片的要求基本与推刀片相同，不同之处只是刀在片进原料后的运动方向与后者相反。

3. 平刀片。适用于无骨的软性原料，如豆腐、肉冻、熟猪血等。平刀片是将刀身放平，使刀面与墩面几乎完全平行，一刀片到底的一种刀法。平刀片的要求是：①刀的前端要紧贴墩的表面，刀的后端略微提高，以控制所需要的厚薄。②刀刃要锋利，先将刀慢慢推入原料，再一刀片到底。

4. 抖刀片。适用于柔软而带脆性的原料，如片瓦楞、腰片等。抖刀片的方法是左手按稳原料，右手执刀，刀刃吃进原料后将刀前后移动，同时上下均匀抖动，使刀在原料内波

平刀片示意图

抖刀片示意图

浪式地推进直至抖片到底。抖刀片的作用是美化原料的形状。

（三）斜刀法

斜刀法是刀面与墩面或原料接触形成斜角的一种刀法。具体方法主要有斜刀片和反刀片两种。

1. 斜刀片。一般适用于软质、脆性或韧性而体形较小的无骨原料，如片各种肉片、腰片、鱼片、肚片和片白菜等都可以采用。斜刀片的操作方法是：用左手手指按稳原料左端，

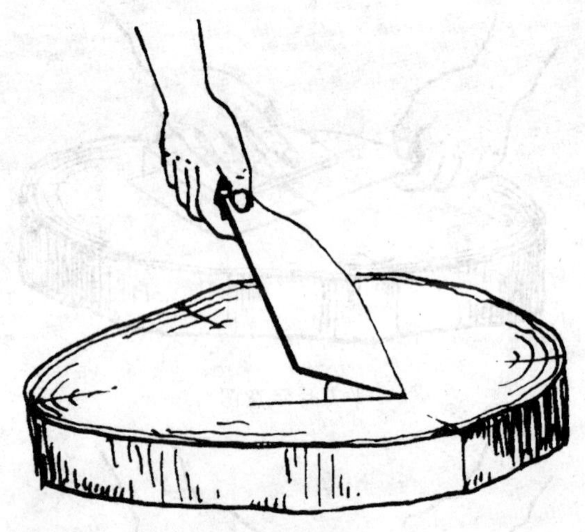

斜刀法示意图

右手持刀，刀面呈倾斜状，片时刀背高于刀口，使刀刃以原料表面靠近左手的部位向左下方运动，斜着片入原料。这样片成的片或块形成斜面，面积就较横断面略大一些。此种片法亦称磨刀片，加工成的原料形状就叫磨刀片。

斜刀片的要求是:左手按住原料要片的部位不使其移动，两手的动作要有节奏地配合，一刀接一刀地片下去，对片成的原料厚薄、大小以及斜度，主要通过两手的动作和落刀的部位、刀的斜度及运动的方向来掌握。

2. 反刀片。这种片法一般适用于脆性的原料。反刀片的操作方法是：刀背向里，刀刃向外，刀身微呈倾斜状，刀吃进原料后由里向外运动。反刀片的要求是：左手按稳原料，并以左手中指上部的关节抵住刀身，右手持刀，使刀紧贴着左手中指的关节片进原料，左手向后移动时其间隔应基本相同，以使片下来的原料大小厚薄一致。

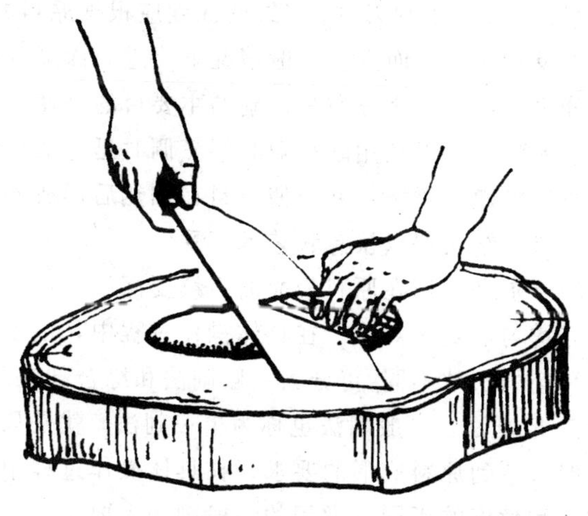

斜刀片示意图

反刀片示意图

（四）剞刀法

剞刀法是以直刀法和斜刀法为基础，对原料进行切、片，形成不断、不穿的规则刀纹。刀纹的深度应根据原料的性质、成形要求及具体用途而定。一般情况下，进刀深度为原料厚度的三分之二或四分之三左右。剞的主要目的是使原料在烹制时易于入味，可以在用旺火短时间烹调时迅速成熟而保持原料的质地脆嫩或鲜嫩，并可使原料在加热后形成各种不同的美丽形状，给人们以快感和艺术享受。

剞的要求是，剞在原料表面的刀纹要深浅一致，距离相等，整齐均匀，互相对称。在具体操作过程中，由于原料成形要求和剞的次数不同，可分为一般剞法和综合剞法两大类。

1. 一般剞法。一般剞法也称为单一剞法。就是只采用一种剞法即可达到原料成形的要求。在具体操作过程中，由于运刀方向和角度的不同，常用的一般剞法主要有以下几种：

①直刀剞。具体操作与直刀切相似，只是不将原料切断而已。

②推刀剞。具体操作与推刀切相似，只是不将原料推切断开而已。

③拉刀剞。具体操作与拉刀切相似，只是不将原料拉切断开。

④斜刀剞。也称为抹刀剞，具体操作与斜刀片相似，只是不将原料片断。

⑤反刀剞。属于斜刀法中的一种，操作时刀刃向外，刀背向内，具体方法与反刀片相似，只是不将原料片断。

2. 综合剞法。各种剞刀法，除了单独加工原料使其成形，还经常综合运用，同时加工一种原料形状。也就是直刀法和斜刀法综合运用，在行业中称为混合刀法。也叫刀工美化或花刀。所谓刀工美化，就是使用混合刀法，在原料表面剞一些有相当深度的刀纹，经过加热，使之卷曲成各种不同的美丽形状。原料经过加工、美化后，根据成形状态不同，花刀可分为多种，常用的主要有：麦穗形花刀、荔枝形花刀、梳子形花刀、蓑衣形花刀、菊花形花刀、卷形花刀、柳叶形花刀、球形花刀、蜈蚣形花刀、佛手形花刀、网眼形花刀、百叶形花刀等。各种花刀的具体操作，后面结合原料形态美化一并介绍，在此不赘述。

（五）其他刀法

所谓其他刀法，是指直刀法、平刀法、斜刀法、剞刀法几类刀法以外，而在刀工中又有使用的一类特殊刀法。较为常用的有以下几种：

1. 斩。一般用于加工畜、禽等肉类带筋的原料，操作时，刀尖接触原料，将筋斩断，而保持原料的整形，以增加原料的松嫩感。

2. 剔。一般用于取骨、部位取料等。操作时，刀路要灵活，下刀要准确，随部位不同交叉使用刀尖、刀跟，分档正确，取料要完整，剔骨要干净。

3. 剖。指用刀将整形原料破开的刀法。如鸡、鸭、鱼等取脏时，先用刀将腹部剖开。要根据烹调需要掌握好下刀部位和刀口的大小。

4. 刮。用刀将原料表皮杂质或污垢去掉的一种刀法。操作时，刀身垂直、刀刃接触实物，横着运刀。如刮鱼鳞、刮菜墩表面污垢等。

5. 削。指用刀平着去掉原料表面一层或加工成一定形状的一种刀法。如莴苣、黄瓜、鲜笋等原料去皮，某些原料外形加工等。

6. 剜。指用刀具挖空原料内部或原料表面处理的一种刀法。如剜去苹果、梨核，剜去山药、土豆等原料低于表面的斑点。

7. 旋。指用刀将某些原料表面的一层取下。可分为手上操作和墩上操作两种。手上操作是将原料拿在手中，刀刃进入原料表面，旋转原料，刀随旋转进入原料。墩上操作是将原料放在墩上，刀刃朝左、刀贴墩面进入原料表层，使原料向后滚动，刀随着行进，把原料表层旋下来。如辣黄瓜皮一菜，黄瓜皮的加工就是采用旋的刀法加工而成的。

8. 砸。指用刀背将原料加工成茸泥状的一种辅助刀法。砸多是配合剁的刀法加工原料，这样能使原料形状更细腻或平整。

9. 拍。指用刀身拍破或拍松原料的一种刀法。操作时，将刀身平着拍向原料，使原料破裂或松散。如拌黄瓜和糖拌红丁就是先用刀身将黄瓜和红萝卜拍松，再另改刀或直接使用的。

第四节　原料成形

采用不同的刀法并经过刀工处理后，烹调原料就形成了既便于烹调，又方便食用的各种形状。

一、原料的基本形状及成形刀法

常见的烹调原料经刀工处理后的基本形状主要有块、片、条、丝、丁、粒、末、段、茸泥等。

（一）块

块是采用切、砍、剁等刀法加工成的。凡质地较为松软、脆嫩，或者是质地虽较坚硬，但去骨去皮后可以切断的原料，一般可采用切的刀法成块。例如，蔬菜类可以用直切的刀法；已去皮去骨的各种肉类，可以用推切或拉切的刀法；原料松而易散的，可采用锯切的刀法。凡原料质地较为坚硬而且有皮带骨的，则可用砍或剁的方法成块。因为用来加工成块的原料，先要加工成段、条状，块形的大小是否适宜和均匀，除了熟练地运用各种刀法外，还取决于成段、条状原料的宽窄厚薄是否一致。这就要求先把原料加工成为宽窄厚薄一致的段、条。

块的种类很多，常用的有象眼块（菱形块）、大小方块，长方块（骨牌块）、排骨块、劈柴块、大小滚料块等。

1. 象眼块（也叫菱形块）。形状几乎似图形中的菱形，又与象眼差不多，故得名。交叉斜切即成。

2. 大小方块。一般指厚薄均匀、长短相等的块形。边长3.3厘米以上的，叫大方块，3.3厘米以下的叫小方块。用切或剁等刀法加工而成。

3. 长方块。状如骨牌，又叫骨牌块。一般为0.8厘米厚，1.6厘米宽，3.3厘米长。

4. 劈柴块。多用于冬笋或茭白等原料。另外，凉拌黄瓜也有用劈柴块的。加工方法是先用刀将原料顺长切为两半，再用刀身一拍，切成条形的块，其长短厚薄不一，因形似劈柴，故得名。

5. 排骨块。原是指切成约3.3厘米长的猪软肋骨而言的，类似形状的块就叫排骨块。

6. 大小滚料块。用滚刀的切法加工而成。一般用于蔬菜类原料，如黄瓜、土豆、山药、莴苣等。加工时必须先在原料的一头斜着切一刀，再将原料向里滚动，再切一刀，这样连续地切下去，切出来的块为大滚料块，滚动幅度小，即为小滚料块，也叫梳子背。

块形大小的选择，主要根据烹调的需要而定。

（二）片

片有多种成形的方法。某些质地较为坚硬的脆性原料可以采用切的方法。其中瓜果类、蔬菜类等可采用直切；韧性原料可采用推切、拉切或锯切等；薄而扁平的原料可采用片的刀法。片有多种多样的大小、厚薄和形状，常用的有：柳叶片、象眼片、月牙片、薄片、厚片、夹刀片、磨刀片等。

1. 柳叶片。这种片薄而窄长，形状像柳树的叶子。一般用切或削的刀法加工而成。

2. 象眼片。也叫菱形片，形似象眼块但薄。一般用切、片等刀法制成。

3. 月牙片。先将圆形或近似圆形的原料切为两半，再顶刀切成半圆形的片即成。

4. 夹刀片。凡一端切开成为两片，另一端连在一起的片，叫做夹刀片。夹刀片用切的刀法，一刀不断一刀切断。

5. 磨刀片。是用斜刀片的刀法加工而成。因片时将原料平放在墩上，用刀自左到右像磨刀一样，一刀一刀地片下去，故称磨刀片。

各种片均有厚薄之分，习惯上把厚度 0.3 厘米以内的片叫薄片，0.7 厘米以上的片叫厚片。从烹调的要求来看，一般氽汤用的片要薄一些；用于滑炒的要稍厚一些；某些易碎烂的原料，例如鱼片、豆腐片等，要厚一些；质地坚硬而带有韧性或脆性的原料，如鸡片，猪、牛、羊肉片，笋片等，则可稍薄一些。

切片时应注意以下几点：①持刀平稳，用力轻重一致。②左手按料要稳，不轻不重。③在片的过程中要随时保持墩面干净。④刀要随时擦干。

（三）丝

切丝时先要把原料加工成片形，然后再切成丝。切时要将片排成瓦楞形或整齐地堆叠起来。前法适用于大部分的原料，效果也较好；后法因堆叠得高，切到最后手扶不住，容易倒塌。另外，某些片形较大、较薄的原料，如青菜叶，鸡蛋皮等，可先将其卷成筒状，然后再顶刀切成丝。

丝有粗细之分，性质韧而坚的原料，可以加工得细一些。丝的粗、细主要决定于片的厚薄，丝要细首先片要薄。因此在切片时，就应考虑到丝的粗细而加工成适宜的厚度，丝的长度一般以 5 厘米左右为宜。切丝时要注意以下几点：

1. 厚薄均匀。加工片时要注意厚薄均匀，切丝时要切得长短一致，粗细均匀。

2. 排叠整齐。原料加工成片后，不论采取哪种排列法都要排叠得整齐，且不能叠得过高。

3. 按稳原料不滑动。左手按稳原料，切时原料不可滑动，这样才能使切出来的丝粗细一致。

4. 根据原料的性质决定顺切、横切或斜切。例如牛肉纤维较长且肌肉韧带较多，应当横切；猪肉比牛肉嫩，筋较细，应当斜切或顺切，使两根纤维交叉搭牢而不易断碎；鸡肉、猪里脊肉等质地很嫩，必须顺切，否则烹调时易碎。

（四）条

条的成形方法是先把原料批成厚片再切成条，其粗细取决丁片的厚薄；大小取决于片的长短。条有粗细之分，粗条一般是长约 4.6 厘米，宽厚各 1.5 厘米；细条长 4 厘米，宽厚各 1 厘米。

（五）丁、粒、末

丁、粒、末都是在条的基础上继续加工而制成的，其具体加工办法是：

1. 丁。丁是大于粒、末的小块，其大小视烹调的要求和原料的情况而定。丁的成形一般是将原料切或片成厚片，再将片切成条，然后再顶刀切成丁。丁的种类很多，常用的有筷子丁、豌豆丁等。丁的大小不同，一般大丁是2厘米见方，小丁是1.3厘米见方，碎丁是0.7厘米见方。

2. 粒。粒较丁小一些，大的有如绿豆粒，小的和小米相仿，成形方法基本上与丁相同，粒的大小主要决定于丝或条的粗细。

3. 末。末的大小略小于小米粒，将丁或粒再切小或剁碎即可，也可先将原料切或批成薄片，再切成细丝、然后顶刀切成末。

(六) 茸泥

茸泥是采用排剁的方法制做的，其质量要求是：将原料制得极细，形成茸泥状，剁茸泥的原料一般有鸡、虾、鱼、肉等。在制茸泥之前，先要将原料的骨、筋、皮等去掉，剁制鱼、虾等茸泥还需要适当搭配一点猪肥膘，以增加茸泥的粘性。其比例是，鸡茸约放三分之一，肉、鱼、虾茸等约放三分之二。

(七) 段

段，一般用剁或切的刀法制成，有大段、小段两种，每一种的具体要求，根据原料的性质和烹调的需要而定。

二、美化形态的种类及成形刀法

原料美化的形态是采用剞的刀法，也就是花刀加工而成的。原料美化成形的名称，是根据原料的象形而命名的，故也称为象形块。常见的主要有以下几种：

1. 麦穗形。先用斜刀法在原料表面剞上一条条平行的斜刀纹，再将原料转一个角度，用直刀法剞上一条条与斜刀纹相交叉的平行直刀纹，然后改刀成条状，加热后就卷曲成麦穗形状。一般适应于腰子、鱿鱼等原料。

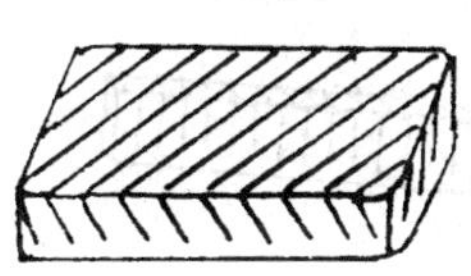
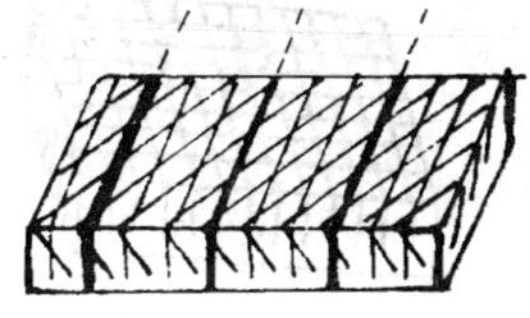

麦穗花刀示意图

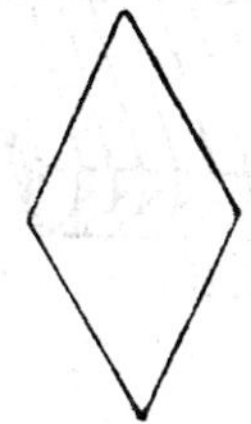
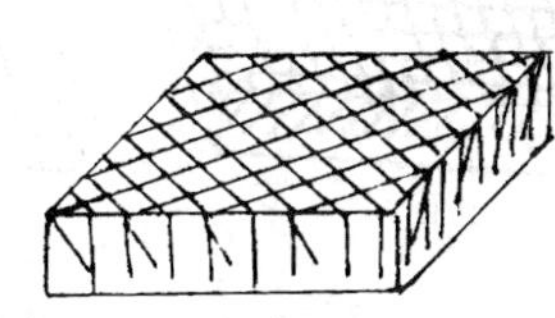

荔枝形花刀示意图

2. 荔枝形。剞法与麦穗花刀相同，只是原料形状成象眼块，加热后即卷曲成荔枝形状。

3. 梳子形。先用直刀剞出刀纹，再把原料横过来切成片，烹熟后像梳子形状。这种刀法多用于质地较硬的原料。

4. 蓑衣形。在原料的一面如麦穗花刀那样剞一遍，再把原料翻过来，用推刀法剞一遍，其刀纹与正面斜十字刀纹呈交叉纹，两面的刀纹深度约为原料厚度的五分之四，再将原料改刀成3厘米见方的块。经过这样加工的原料，提起来两面通孔，呈蓑衣状。

5. 菊花形。先将原料的一端切成一条条平行的薄片（并不切到底），深度约为原料厚度五分之四，另一端五分之一连着不断；然后再转90°垂直向下切，使原料厚度的五分之四呈丝条状，厚度的五分之一仍然相连而成块状，加热后即卷曲成菊花状。

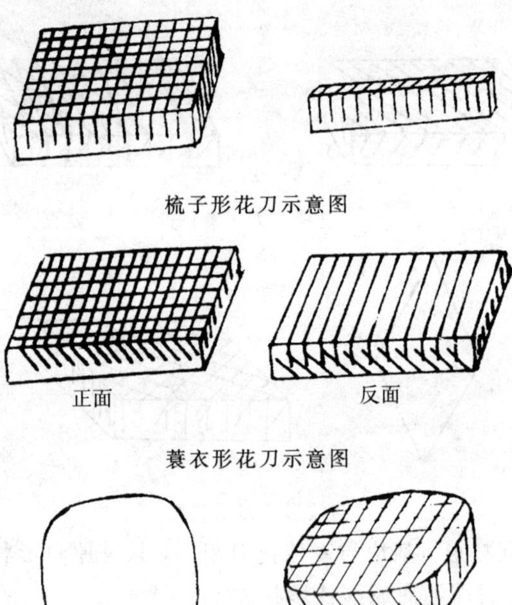

梳子形花刀示意图

蓑衣形花刀示意图

菊花形花刀示意图

6. 卷形。将原料的一面剞上十字花刀，其深度为原料厚度的三分之二，然后改成长方块，加热后成卷形。这种刀法一般使用于脆性原料，如鱿鱼、乌鱼等。

7. 柳叶形。这种刀法一般用于剞鱼，先在全身中央，从头至尾顺长剞一刀纹，并以这一刀纹为中线在两边斜顺着剞上距离相等的刀纹，即成柳树叶状。

8. 球形。将原料切或片成厚片，再在原料的一面剞上十字花刀，刀距要密一些，深度为原料的三分之二，然后改成

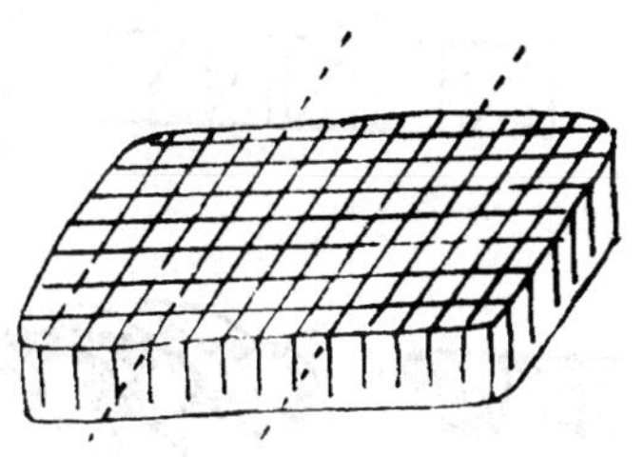

卷形花刀示意图

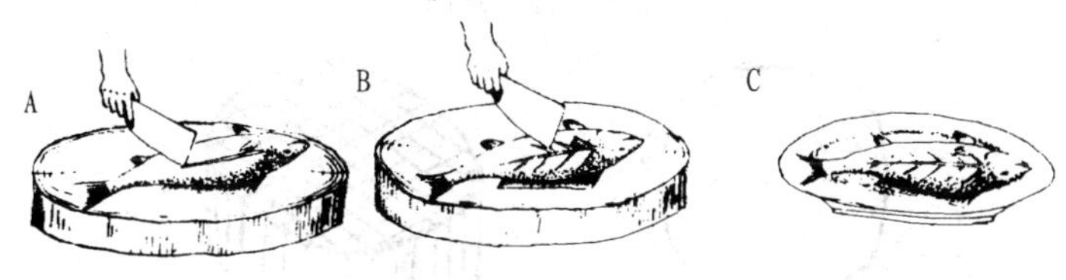

柳叶形花刀示意图

正方块或圆块，加热后即卷曲成球状。此种刀法一般适用于脆性或韧性的动物原料。

9. 蜈蚣形。常以猪黄管为原料，先将猪黄管洗净，放入水锅中煮透，捞出撕去油筋，用筷子翻过来，放入汤锅氽透捞出晾凉。将黄管横放墩上，用刀法每隔 0.4 厘米横剞一刀，深至原料二分之一，而后每隔一格对角斜剞一刀，将剞开的刀纹料向两边展开后即为蜈蚣形。

10. 佛手形。先将原料加工成椭圆或长方形的厚片，然后顺长二分之一切四刀，形似手指，连着的二分之一形似手掌。

11. 网眼形。先将原料加工成厚片，在表面上采用直刀法剞上一条条平行的直刀纹，然后将原料翻起来，剞上与第一面交叉的直刀纹（行业中习惯称两面交叉剞直刀），深度都约为原料厚度的三分之二。提起原料用两手撑开呈网眼状。

12. 百叶形。一般用于剞鱼，操作时先用刀直剞至鱼的脊

球形花刀示意图

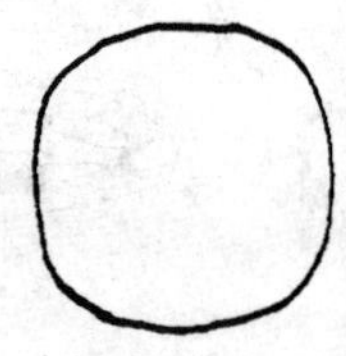
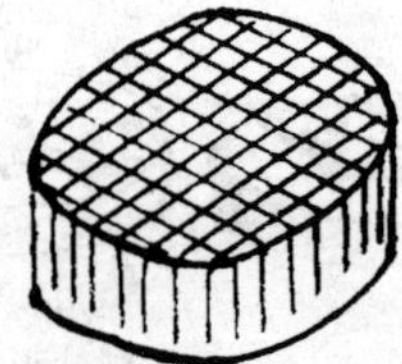

蜈蚣形花刀示意图

佛手形花刀示意图

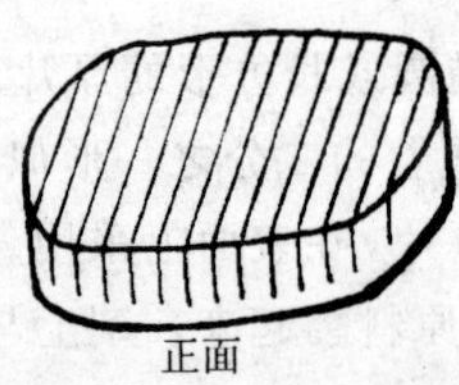
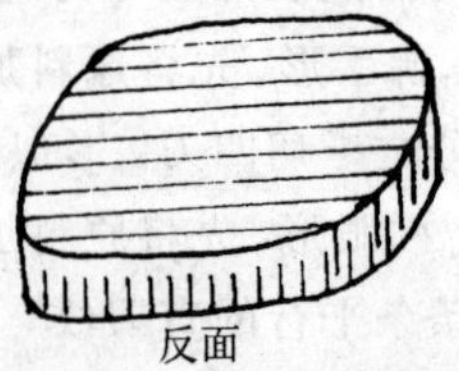

正面　　　　反面

网眼形花刀示意图

骨，再贴骨横片进去（并不片断）。此种刀法应注意刀距要相等，左右面要对称，提起后呈百叶窗形。如糖醋黄鱼一菜，鱼的改刀就是采用此种刀法加工成形。

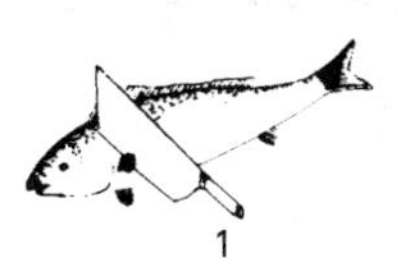

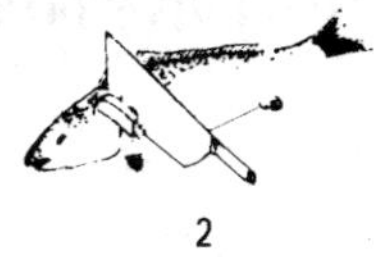

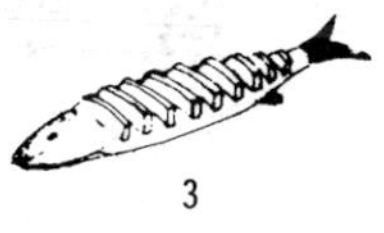

百叶形花刀示意图

思 考 题

1. 什么叫刀工？刀工的操作姿势怎样？

2. 刀工的基本要求有哪些？

3. 什么叫刀法？可分为哪几类？各类有何区别？常用刀法有哪些？

4. 何谓刀工美化？

5. 切与片有哪几种具体方法？

6. 常见原料经刀工后的基本形状有哪些？各采用什么刀法加工成形？

7. 加工片、丝原料形状各应注意哪些事项？

8. 剞的刀法操作要求是什么？

9. 常见原料的美化形态有哪些？试说明各种形态的刀工操作过程。

第二章 鲜活原料的初步加工

第一节 鲜活原料初步加工的意义与要求

常用于烹饪的鲜活原料是指新鲜的蔬菜、水产品、家畜类、家禽类及野生动植物等。这些鲜活原料无论新鲜与否，都或多或少地带有能使人体致病的细菌以及不能食用的部分，如泥土、污物、枯叶、老根等，一般都不能直接用来烹饪，必须根据烹饪制作的要求并按其种类、性质进行不同的初步加工处理。鲜活原料选料后，进行宰杀、摘剔、去杂、洗涤、获得适合于烹饪应用的净料的过程，称为鲜活原料的初步加工。

鲜活原料的初步加工在整个烹饪工作中占有极其重要的位置。它是烹调或面点制作过程前必须进行的准备工作，是烹饪技术制作的必不可少的组成部分。

初步加工的内容，主要包括宰杀、摘剔、剖剥、拆卸、洗涤和初步熟处理等。鲜活原料初步加工的好坏，直接影响着菜、点的色、香、味、形、质、养。因此，对鲜活原料进行初步加工时，必须符合以下要求：

1. 符合卫生要求。鲜活原料在市场购进时，一般都带有污秽、杂物，多数还带有一些不能食用的部分，因此，必须经过刮削、摘剔加以清除并洗涤干净。尤其对于一些生食的原料，如黄瓜、生菜、萝卜等，必须采取适当的措施，将细菌杀死，方可食用。总之，加工后的原料应确保清洁卫生。

2. 保存原料中的营养成分。各种原料所含的营养成分，在初步加工时应尽可能地加以保存，避免不必要的浪费。如多数鱼在初步加工时须刮净鱼鳞，但新鲜的“鲥鱼”和“白鳞鱼”则不可刮去鳞，因为它们的鳞片中含有一定量的脂肪，加热后溶于鱼体内，可增加鱼的鲜美滋味，鳞片柔软且可食用。对于新鲜的蔬菜，既要摘剔干净，又不能将可食部分过多地舍去。总之，在保证经加工的原料符合其质量要求的前提下，要尽可能地保存原料的营养成分。

3. 使菜肴的色、香、味、形不受影响。鲜活原料在进行初步加工时，必须根据其性质和烹制菜肴的要求，采取正确的加工方法，使制成的菜肴在“色、香、味、形”诸方面不受影响。例如，为了除去新鲜蔬菜的苦涩味和保持颜色碧绿，可通过“焯水”达到目的，但焯水后必须用凉水浸透，否则在高温的作用下叶绿素会被氧化而使蔬菜的色泽变黄。宰杀鸡、鸭时，血必须放尽，否则会使鸡、鸭肉色泽变红，影响菜品的质量。用于制作“干烧黄鱼”、“红烧黄鱼”等菜肴的鱼，在取内脏时，不宜将鱼的腹剖开，而须从口腔中卷出，因剖腹取内脏的鱼加热后其腹部收缩较大，鱼体显得瘦小，从而影响菜肴形态的完美。因此，应根据其烹制菜肴的质量要求决定采用加工的方法。鱼类体内的血液和腹腔内的黑衣带有较重的腥味，加工时务必清除干净。动物内脏在初步加工时，须采用“盐醋搓洗、里外翻洗”等方法处理，去净粘液和污物并经过恰当地焯水，以除去异味，确保菜肴口味的正常。鲜活原料的初步加工，只有根据原料的不同性质，采取相应措施，认真加以处理，才能确保菜肴的色、香、味、形不受影响。

4. 合理用料，减少损耗。烹饪原料在摘剔、刮削、拆卸、洗涤过程中，既要除尽污秽和不能食用的部分，还要使用合理，注意节约，做到物尽其用。切不可将可食的部分去掉，造成浪费，如“鲨鱼”的头骨加工干制后成为名贵的“明骨”；虾的卵可干制成“虾籽”；雌性乌鱼的缠卵腺，加工后成为“乌鱼蛋”；鸡胗、鸭肝、鸭肠加工后均可用于烹制菜肴。只要正确、合理地加工各种原料，就能降低成本，增加效益。

第二节　新鲜蔬菜的初步加工

新鲜蔬菜是人们日常膳食中不可缺少的副食品，是烹调原料中重要的组成部分。它含有能促进人体肠胃蠕动，以利排泄的纤维素和丰富的维生素、无机盐等，这些都是人体不可缺少的营养成分。新鲜蔬菜是烹制各种菜肴的重要原料，它既可以广泛用作各种菜肴的配料，也可作为主料单独制成菜品，如炝芹菜、拌黄瓜、奶汤蒲菜、油焖冬笋等。还可以用蔬菜制作出一些高档的菜品，如素鱼翅、素燕菜、素虾仁等。一些著名的素菜馆，还可以全用蔬菜制作出整桌筵席。

一、新鲜蔬菜初步加工的一般原则

由于新鲜蔬菜品种繁多，性状各异，可食的部分又各不相同，有的食用叶柄、有的食用根茎、有的食用种子、有的食用花蕾等，所以新鲜蔬菜的初步加工，必须分门别类地进行。为了使加工后的蔬菜符合烹调的要求，新鲜蔬菜的加工，必须遵循以下原则。

（一）合理取舍

在对新鲜的蔬菜进行初步加工时，须将枯叶、老叶、叶帮、老根以及不能食用的部分摘剔清除干净，以确保菜肴的质量不受影响。同时，还要注意对可食的部分尽量加以保存。

（二）符合卫生要求

在摘剔蔬菜时，除应将枯叶、老叶、老帮等不能食用的部分去掉外，对于夹杂在蔬菜内的杂草泥沙等污物和附着在蔬菜上的虫卵更要清除干净，洗涤时要完全彻底，使加工后的蔬菜符合饮食卫生的要求。

（三）减少营养素的损失

新鲜蔬菜因含有丰富的维生素和矿物质，在加工时要注意加以保存，尽可能地减少营养成分的损失。在加工的程序上最好是先洗后切，如果先切后洗，不仅在原料刀口处流失较多的营养成分，同时也增加了细菌的感染面积，所以在保证菜肴风味特点的前提下，要尽可能先洗后切。

二、新鲜蔬菜初步加工的方法

新鲜蔬菜由于品种多，可食的部分不尽相同，因此，在初步加工方面也不完全一样，现将常用的新鲜蔬菜的加工方法介绍如下。

（一）叶菜类初步加工

叶菜类是指以肥嫩的菜叶及叶柄作为烹调原料的蔬菜。常用的品种有：大白菜、菠菜、油菜、卷心菜、生菜、韭菜、荠菜、椿头等。其初步加工的方法步骤是：

1. 摘剔：新鲜的叶类蔬菜在加工时，应将枯叶、老叶、老根、老帮、杂物等不能食用的部分摘掉剔出并清除净泥沙。

2. 洗涤：新鲜的叶菜类蔬菜的洗涤多采用冷水洗涤，也可根据情况的不同，采用盐水洗涤或高锰酸钾溶液洗涤。具体的方法是：

（1）冷水洗涤：将经过摘剔整理的蔬菜，放入清水中浸泡一会儿，洗去蔬菜上的泥土，再反复清洗干净。冷水洗涤法，适用于大多数蔬菜的洗涤。

(2) 盐水洗涤：将加工整理的叶菜类蔬菜，先放入2%浓度的食盐溶液中浸泡约5分钟，再用清水反复洗净。盐水洗涤法主要用于洗涤叶片或叶柄上带有虫卵的蔬菜。夏秋季节上市的蔬菜，吸栖在叶片或叶柄上的虫卵较多，用冷水洗一般难以洗掉，放入适当浓度的盐水中浸泡后，则可使虫卵的吸盘收缩脱落，便于清洗干净。因此，盐水洗涤蔬菜有着特殊的作用。

(3) 高锰酸钾溶液洗涤：将加工整理的新鲜蔬菜放入0.3%浓度的高锰酸钾溶液中浸泡5分钟，然后再用清水洗涤干净。这种方法主要用于洗涤供凉拌食用的蔬菜，如生菜、黄瓜、西红柿、橄榄菜等。因为供凉拌食用的蔬菜有许多品种，为保持其风味特色，不能加热处理，但原料中又带有能使人体致病的细菌，用此法洗涤蔬菜既能保持菜肴的风味特色，又能将细菌杀死。

(二) 茎菜类初步加工

茎菜类是指以肥大的变态茎为烹调原料的蔬菜。常用的品种有冬笋、茭白、莴苣、土豆、藕、圆葱、葱、姜、蒜等。初步加工的方法是：

1. 藕、莴苣、土豆、毛芋头等带皮的原料，用刀削去或刮去外皮，再用清水洗净，放入凉水中浸泡备用。

2. 冬笋、茭白等带毛壳的原料，先将毛壳去掉，削去老根和硬皮，再放入冷水锅内用慢火煮透，捞出放入凉水中浸泡备用。鲜冬笋必须用水煮透，去其体内含的鞣酸（涩味很重）方能食用。鉴别冬笋是否煮透的方法，可从冬笋加热前后颜色上的变化来区别，加热前呈白色，熟透后呈浅黄色。

3. 姜、蒜、葱的加工方法：姜刮去外皮用清水洗净；蒜剥去外皮洗净，为了便于去皮，可先将蒜头放入水中略泡，使蒜皮松软，去皮时便容易多了。大葱剥去外皮切去老根洗净。

茎类蔬菜大多数含有多少不等的鞣酸（单宁酸），去皮时与铁器接触容易氧化变色，所以在去皮后立即放入凉水中浸泡或去皮后立即使用，以防呈现锈斑色。

（三）根菜类初步加工

根菜类是指以变态的肥大根部为烹调原料的蔬菜。常用的品种有山药、萝卜、胡萝卜等，加工方法是：

1. 山药：用刀削去外皮，放入凉水中浸泡备用。也可蒸熟后去皮使用。

2. 萝卜、胡萝卜：削去头部和尾部的老皮，用清水洗净即可。

（四）瓜类初步加工

瓜类是指以植物的瓠果为烹调原料的蔬菜。常用的品种有：黄瓜、丝瓜、苦瓜、冬瓜、西葫芦等。初步加工的方法是：

1. 西葫芦、冬瓜：削去外皮，由中间切开，挖去种瓤洗净即可。

2. 黄瓜：嫩时用清水洗净即可。质老时，亦可将外皮和种瓤去掉，再用清水洗净。

3. 丝瓜：刮去外皮洗净即可。

4. 苦瓜：用清水洗净即可。

（五）茄果类初步加工

茄果类是指以植物的浆果为烹调原料的蔬菜。常见的品种有：茄子、番茄、辣椒等。初步加工的方法是：

1. 茄子：去蒂并削夫外皮，洗净即可。

2. 番茄（西红柿）：先用清水洗净，再用开水略烫，用冷水浸凉剥去外皮即好。

3. 辣椒：去蒂、籽瓤洗净即好。

（六）豆类初步加工

豆类是指以豆科植物荚果或籽粒为烹调原料的蔬菜。常用的品种有：豌豆、刀豆（四季豆）、豆角、毛豆、荷兰豆、扁豆等。初步加工的方法是：

1. 刀豆、豆角、扁豆、荷兰豆等荚果全部食用的，掐去蒂和顶尖，同时摘去两边的筋洗净即可。

2. 毛豆、豌豆食其籽粒的，剥去外壳取出籽粒，将籽粒放入开水锅中煮透，捞出用凉水浸泡即好。

（七）花菜类初步加工

花菜类是指以植物的花部器官为烹调原料的蔬菜。常用的品种有：黄花菜、花椰菜、西兰花（绿色花椰菜）、白菊花、韭菜花等。这些原料最大的特点是质嫩且易于人体消化吸收，为理想的烹调原料。初步加工的方法是：

1. 黄花菜：去蒂和花心洗净，经汽蒸或焯水后，再用凉水浸透即可使用或晒干备用。

2. 白菊花：将花瓣取下，用清水洗净即好。

3. 花椰菜：去茎叶洗净，入开水锅烫透，然后放入冷水中浸凉即可。

4. 韭菜花：用冷水洗净，一般经腌制后才使用。

第三节　水产品的初步加工

水产品的种类很多，包括鱼类、虾类、蟹类、贝类、软体类等。水产品可分为咸水产品（海洋中产的）和淡水产品（江、河、湖、泊、池塘中产的）两大类。水产品含有丰富的蛋白质、脂肪、无机盐和维生素等营养成分，是人类不可缺少的食物，是一类重要的烹调原料。由于水产品的种类繁多，性质各异，因此初步加工的方法也较为复杂，必须认真细致地加以处理，才能成为适合于烹调的原料。

一、水产品初步加工的要求

水产品在切配、烹调之前一般须经过宰杀、刮鳞、去鳃、去内脏、洗涤、分档等初步加工过程。至于这些过程的具体操作，则须根据不同的品种和具体的烹调用途而定。在对水产品进行加工时必须符合以下要求：

（一）除尽污秽杂质

水产品在初加工时，必须将鱼鳞（属骨片性鳞的鱼）、鱼鳃、内脏、硬壳、砂粒、粘液等杂物除净，特别要尽量除去腥臭异味，保证菜肴的质量不受影响。

（二）根据烹调要求加工

不同的菜肴品种，对鱼体的形态要求不一。如用烹制"红烧鱼、干烧鱼、清炖鱼"等需整条鱼上席的，在初步加工时，须从鱼的口腔中将鱼腮和内脏卷出，而不能剖腹取内脏。而用于出肉加工的鱼则可剖开鱼腹取内脏。鳝鱼也因烹制菜肴的品种不同，而采取生杀或熟杀。因此，水产品初加工时，需要根据烹调的不同要求，而采取不同的加工方法。

（三）根据原料的不同品种进行加工

由于水产品的种类很多，性质各异，有的带有鳞片；有的带有粘液；有的还带有砂粒等。所以，在初加工时应根据其不同的品种特点进行，才能保证原料的质量符合烹调的要求。如一般的鱼都需刮去鳞片，但新鲜的鲥鱼和白鳞鱼则不能去鳞；带有粘液的鳗鲡和黄鳝等鱼则需经过焯水或泡烫才能去其粘液和腥味；带有砂粒的各种鲨鱼则需泡烫后去掉砂粒等。

（四）合理取料、物尽其用

对一些形体比较大的鱼，初步加工时应注意分档取料，使用合理。如青鱼的头尾、肚档可以分别红烧，中段（鱼身）则可出肉加工成片、条、丝，以及制茸等。狼牙鳝的肉内带有许多的硬刺，如用整段红烧、干烧、清蒸等，食用极不方便（硬刺太多），而且造型亦不美观。但狼牙鳝鱼肉色泽洁白、味道鲜美，因此，最适宜于出肉制馅（制馅的过程中将鱼刺去掉）。水产品在加工时，还要注意原料的节约，如剔鱼时，鱼骨要尽量不带肉；下脚料要充分利用，鱼骨可以煮汤，虾的卵干制后成为名贵的虾籽，某些鱼的沉浮器官干制后成为鱼肚。总之，在水产品的初步加工时，要充分合理地使用各种原料，避免浪费。

二、水产品初步加工的方法

（一）鱼类的初步加工

根据鱼的形状和性质，鱼类的加工方法大致可分为去鳞、褪砂、剥皮、泡烫、宰杀、摘洗等步骤。

1．刮鳞：适用于加工骨片性鳞的鱼类。如大黄鱼、小黄鱼、鲈鱼、加吉鱼、鲤鱼、草鱼、鳜鱼等。此类鱼的加工步骤是：

刮鳞→去鳃除内脏→洗涤干净。

2．褪砂：主要用于加工鱼皮表面带有砂粒的鱼类，即各种鲨鱼。如真鲨、姥鲨、星鲨、角鲨、虎鲨等。此类鱼的加工步骤是：

热水泡烫→褪砂→去鳃→开膛取内脏→洗涤干净。

具体的方法是，第一步：将鲨鱼放入热水中略烫，水的温度要根据鲨鱼的大小而定，体大的用开水，体小的水温可低一些。烫制的时间以能褪掉砂粒而鱼皮不破为准。若将鱼皮烫破，褪砂时砂粒易嵌入鱼肉内，影响食用。第二步：将烫好的鲨鱼用小刀刮去皮面上的砂粒，剪去鱼鳃，剖腹去净内脏洗净即好。

3. 剥皮：主要用于加工鱼皮粗糙、颜色不美观的鱼类，如鳎科鱼类中的宽体舌鳎、半滑舌鳎、斑头舌鳎等。加工的步骤是：

背面剥皮→腹面刮鳞→去鳃去内脏→洗涤干净。

具体的方法是：先在鱼的背部靠头处割一刀口，用手捏紧鱼皮用力撕下，再将腹部的鳞刮净，再除去鱼鳃和内脏洗净即好。

4. 泡烫：主要用于加工鱼体表面带有粘液而腥味较重的鱼类，如海鳗、鳗鲡、黄鳝等。加工的步骤是：

沸水泡烫→去鳃除内脏→洗涤干净。

由于此类鱼的性质和用途不同，因此加工方法也略有区别。具体加工方法是：

海鳗、鳗鲡除去鳃、内脏后，放入开水锅中烫去粘液和腥味，再用清水洗净即好。

黄鳝的泡烫方法是，锅中加入凉水，将黄鳝放入，加适量的盐和醋（加盐的目的是使鱼肉中的蛋白质凝固，“划鳝”时鱼肉结实；加醋则是去其腥味），盖上锅盖，用急火煮至鳝鱼嘴张开，捞出放入冷水中浸凉洗去粘液，即可用于“划鳝”。“划鳝”又称鳝鱼的出肉加工，详见出肉加工章节。

5. 宰杀：主要用于加工一些活养的鱼类，如甲鱼、黄鳝、鲤鱼、黑鱼等。在此主要介绍甲鱼和黄鳝的宰杀方法。

甲鱼的初步加工过程是，宰杀→烫皮→开壳取内脏→煮制→洗涤→半成品。宰杀的方法有多种。一种是将甲鱼放在地面，待其爬动时用脚使劲一踩，待头伸出时用左手握紧头部，然后用刀割断血管和气管，放入凉水盆中将血泡出。另一种方法是将甲鱼腹部向上放在墩上，待其头伸出时将头剁下。甲鱼宰杀放血后，放入70℃～80℃的热水中烫2～5分钟取出（水的温度和泡烫时间，可根据甲鱼的老嫩和季节的不同而灵活掌握），搓去周身的脂皮，从甲鱼裙边下面两侧的骨缝处割开，将盖掀起取出内脏，用清水洗净，再放入开水锅内煮去血污，用清水洗净即为半成品。

鳝鱼的宰杀方法，应视烹调用途而定。鳝片：先将鳝鱼摔昏，在颈骨处下刀斩一缺口放出血液，再将鳝鱼的头部按在菜板上钉住，用尖刀沿脊背从头至尾批开，将脊骨剔出，去其内脏，洗净后即可用于批片。鳝段：用左手的三个手指（拇指、中指和无名指）掐住鳝鱼的头部，右手执尖刀由鱼的下腭处刺入腹部，并向尾部顺长划开，去其内脏，洗净即可切段备用。

6. 摘洗：主要用于加工一些软体类的水产品。如墨鱼、鱿鱼、章鱼等。具体的加工方法是：

墨鱼（又名乌鱼、乌贼鱼）。将墨鱼放入水中，用剪刀刺破眼睛，挤出眼球，再把头拉出，除去石灰质骨，同时将背部撕开，去其内脏，剥去皮洗净备用。雄墨鱼腹内的生殖腺干制后称为"乌鱼穗"，雌墨鱼的产卵腺干制后称为"乌鱼蛋"，均为名贵的烹调原料。墨鱼加工时，一般须在水中进行，防止墨汁溅到身上。

鱿鱼体内无墨腺，加工方法同墨鱼大致相同。

章鱼（又名八带蛸）。先将章鱼头部的墨腺去掉，放入盆内加盐、醋搓揉，搓揉时可将两个章鱼的足腕对搓，以去其足腕吸盘内的砂粒，再用清水反复洗去粘液即成。

（二）虾类的初步加工

用于烹调的虾类主要有对虾、沼虾、蚋虾等。它们的初步加工方法分别是：

1. 对虾（又名明虾、斑节虾）：先将虾洗净，再用剪刀剪去虾枪、眼、须、腿，用虾枪或牙签挑出头部的砂布袋和脊背处的虾筋和虾肠即好。根据不同的烹调要求也可将虾的皮全部剥掉或只留虾尾。

2. 沼虾（亦称青虾）：剪去虾枪、眼、须、腿洗净即好。沼虾也可用于出肉加工，沼虾的出肉加工方法，饮食业称为“挤虾仁”。具体方法详见本书“出肉加工”部分。沼虾每年在4～5月份产卵，加工时要将虾卵收集起来加以利用。方法是：将沼虾放入清水中漂洗出虾卵，去其杂物后用慢火略炒，再上笼蒸透，取出弄散晾干，即成为名贵的烹调原料“虾籽”。

（三）贝类及其他水产品的初步加工

1. 扇贝：用刀（专用的工具）将两壳撬开，剔下闭壳肌（俗称扇贝柱），去其附着在上面的内脏，洗净即好。

2. 蛏子：将两壳分开，取出蛏子肉，挤出砂粒，用清水洗净即好。

3. 鲍鱼：将鲍面外表洗净，放入沸水锅中煮至肉离壳，取下肉，去其内脏和腹足，用竹刷刷至鲍鱼肉呈白色后用清水洗净；再放入盆内加高汤、葱、姜、料酒上笼蒸烂取出，用原汤浸泡即可。

4. 蛤蜊：将净蛤蜊放入海水中（或用清水加一点盐）浸泡，使其吐出腹内泥砂，再用清水洗净。即可带壳用于烹制菜肴。也可将洗净的蛤蜊放入开水锅中煮熟捞出，去壳留肉用澄清的原汤洗净即好。煮蛤蜊的原汤味道鲜美，澄清后可用于烹制菜品。

第四节　家禽的初步加工

一、家禽初步加工的要求

用于烹制菜肴的家禽有鸡、鸭、鹅、鸽等。由于家禽均有羽毛并带有内脏，且污秽较重，因此家禽初步加工的好坏，对菜肴的质量有着极为重要的影响。所以，在初加工时应认真细致，特别要注意以下几点：

1. 宰杀时血管、气管必须割断，血要放尽：割断血管、气管，目的是将家禽杀死，让血液流出。如没将气管割断，家禽不能立即死亡；血管没割断，则血液流不尽，就会使禽肉色泽发红，影响菜品的质量。

2. 褪毛时要掌握好水的温度和烫制的时间：泡烫家禽的水温和时间，应根据家禽的不同品种，家禽的老嫩和季节的变化而灵活掌握。一般情况，质老的泡烫的时间应长一些，水温也略高一些；质嫩的泡烫的时间可略短一些，水温可低一些。冬季水温应高一些，夏季水温应低一些，春秋两季水温适中。另外，还要根据不同的品种来掌握，就泡烫的时间而言，鸡可短一些，鸭、鹅就要长一些。

3. 物尽其用：家禽的各部位均可利用。头、爪可用来煮汤或卤、酱等；肝、肠、心、胗和血液可烹制多种美味菜肴；鸡内金干制后可供入药；羽毛可用于加工羽绒制品。因此，在对家禽类的初步加工时对其各部位不能随意丢弃，应予以合理利用，做到物尽其用。

4. 洗涤干净：禽类的洗涤必须干净，特别是禽类的腹腔要反复冲洗，至血污冲净为度。否则会影响菜肴的口味和色泽。

二、家禽初步加工的方法

家禽初步加工的方法步骤，主要有宰杀、泡烫褪毛、开膛取内脏、洗涤及禽类的内脏洗涤等。具体的方法是：

（一）宰杀

宰杀前先备好一盛器，盛器内放适量的冷水（冬季用温水）和少许的食盐。以鸡为例，宰杀时用左手握住鸡翅，小拇指勾住鸡的右腿，用拇指和食指捏住鸡颈皮，并向后收紧，使手指捏到鸡颈管的后面，以防下刀时割伤手指。在鸡头下部（落刀处）拔净鸡毛，用刀割断气管和血管，将鸡身下倾使血液流入盛器内，待血全部流尽即好。盛器内的血液用筷子搅匀，使血液与水成为一体。

（二）泡烫、褪毛

禽类宰杀后即可泡烫煺毛。这个步骤必须在家禽刚停止挣扎，死后进行。过早因肌肉痉挛皮紧缩，不易煺毛；过晚则肌体僵硬羽毛也不易煺净。泡烫时水的温度，应根据季节和鸡、鸭的老嫩而定，一般情况下，老鸡用开水，嫩鸡用80℃左右的水。冬季可用开水，夏季水的温度可低一些。泡烫后，要趁热将羽毛煺净。总之，泡烫、煺毛的过程中，以煺净羽毛而不破损鸡皮为原则。

鸭、鹅羽毛比较难煺，据经验，宰杀前可先给鸭、鹅灌一些凉水，并用冷水洗透全身，煺毛就比较容易。鸭、鹅泡烫有温烫、热烫两种。

1. 温烫。将水烧至60℃～70℃时，放入鸭或鹅烫透全身，并使水温始终保持在此温度上，先按顺毛方向煺净翅膀羽毛，逆毛煺净颈毛，再煺净全身羽毛，用清水洗净。温烫用于当年的嫩鸭、嫩鹅羽毛的煺制。

2. 热烫。将水浇至80℃时，把鸭或鹅放入，并用木棍不断搅动，由于木棍的不断搅动，鸭、鹅相互碰挤（禽的数量要多），使大部分羽毛脱落，捞出后再燎掉余毛，洗净即可。热烫适用于加工质地较老的鸭、鹅。

（三）开膛取内脏

开膛取内脏的方法，可视烹调的需要而定。较常用的有腹开、肋开和背开三种。

1. 腹开：先在鸡颈右侧的脊椎骨处开一刀口，取出嗉囊，再在肛门与肚皮之间开一条约6～7厘米长的刀口，由此处轻轻拉出内脏，然后将鸡身冲洗干净。腹开用途较为广泛，凡用于剁块制作菜肴以及剔鸡后批片、切丝、切丁制作的菜品，均可采用腹开。

2. 背开：由鸡的脊背处剖开取出内脏。具体方法是，左手按住鸡身，使鸡背部朝右，鸡头部朝里，右手执刀，由臀尖处插入刀尖用力向后批开至颈骨处，翻开鸡身取出内脏，冲洗干净鸡身即好。背开适用于整鸡（鸭）制作菜品。如清蒸鸡、清蒸鸭、红扒鸡等。习惯上整鸡（鸭）制作的菜品装盘时均为腹部朝上，采用背开的方法取内脏，使鸡上席后既看不见刀口，又使鸡显得丰满，较为美观。

3. 肋开：在鸡或鸭的右肋下开一个刀口，然后从开口处将内脏取出，同时取出嗉囔，冲洗干净鸡身即好。肋开主要用于烤鸡或烤鸭。鸡、鸭不在腹部或背部开刀，烤制时不致漏油，使鸡、鸭的口味更加肥美。

以上三种取内脏的方法，不论采用哪一种，操作时均应注意勿碰破鸡肝和鸡胆。鸡肝为烹调菜肴的上等原料，破碎后无法使用；鸡胆苦味较重，破碎后，鸡肉可因沾染胆汁而出现苦味，影响质量。

（四）禽类内脏的洗涤加工

禽类的内脏除嗉囊、气管、食管和胆囊不能食用外，其他均可以食用，其初步加工方法是：

1. 肫：先割去前段食肠，剖开肫去其污物，剥掉黄皮洗净即可。

2. 肝：摘去附着在上面的苦胆，洗净即好。

3. 肠：先去掉附在上面的两条白色胰脏，然后顺肠剖开，加盐、醋、明矾搓洗去肠壁上的污物、粘液，再反复用清水洗净，入开水烫熟即好（烫的时间不要过久，久烫则质老）。

4. 血：将已凝结的血块，放入开水锅中煮熟捞出即好。煮时须注意火候，煮的时间过长则会使血块起孔，食之如棉絮，质量差。

5. 油脂：鸡腹内的油脂，经加工后称为“明油”。此油不宜煎熬，煎熬后色泽混浊。取油的方法是：先将油脂洗净切碎，放入碗内，加入葱、姜、花椒（花椒要放入切开的葱内，便于取出），上笼蒸至油脂溶化后取出，去掉葱、姜、花椒、水分和杂质，取得的油即为“明油”。

（五）鸽子的初步加工

鸽子有训养和野生两种，以训养的质量较好。烹调中用的鸽子都采用活杀。活杀的方法有摔死、闷死等。褪毛也有干褪和湿褪两种。干褪就是待鸽子死去而体温尚未散尽时将羽毛拔净。温褪就是用60℃的水烫后，将羽毛褪净。鸽子皮较嫩、烫制时水的温度不能过高，否则皮易烫破。鸽子褪毛后即可采用腹开的方法将内脏取出，将鸽身用清水洗净即好。

第五节　家畜内脏及四肢的初步加工

一、家畜内脏及四肢初步加工的要求

家畜内脏及四肢，泛指家畜的心、肝、肺、肚、腰子、肠子、头、尾、舌等。由于这些原料粘液较多，污秽较重并带有油脂和腑脏的臭味，故在加工时要特别认真，并符合以下要求：

1. 除净异味杂质：在加工这类原料时，应针对其不同的性质，采用适当的加工方法，将原料上的粘液、油脂、毛壳、污物和异味清除干净。

2. 洗涤干净：家畜内脏、四肢在经特殊处理去除粘液、油脂、毛壳等污秽后，还必须用清水反复洗涤干净，成为洁净的烹调原料。

二、家畜内脏及四肢初步加工的方法

家畜内脏及四肢初步加工的基本方法主要有：里外翻洗法、盐醋搓洗法、刮剥洗涤法、清水漂洗法和灌水冲洗法等。有时一种原料的初步加工往往需要几种方法并用才能洗涤干净。现将几种初加工的方法举例分述如下：

1. 里外翻洗法：主要用于肠、肚等内脏的洗涤加工。

2. 盐醋搓洗法：主要用于洗涤粘液污秽较多的原料，如肚、肠等。

3. 刮剥洗涤法：主要用于去掉一些原料外皮的污垢、硬毛和硬壳等，如猪头、猪爪、猪舌、牛舌等。

4. 清水漂洗法：主要用于家畜的脑、脊髓等原料的初加工。

5. 灌水冲洗法：主要用于洗涤猪肺和猪肠等原料。

三、家畜内脏及四肢初步加工实例

1．猪肚、猪肠：初步加工常有如下三个步骤：

（1）洗涤：将猪肚、猪肠上面附着的油脂去掉，放入盆内加盐、醋搓洗一遍，用清水洗一遍，然后再将猪肚、猪肠翻转过来，再加盐、醋搓洗净粘液，用清水反复洗涤干净。

（2）焯水：将洗涤干净的肚、肠入冷水锅中煮透取出，切去猪肠根部的毛，刮净猪肚上面的黄皮，再用清水洗净。

（3）煮制：锅中加入清水和焯过水的猪肠、猪肚以及适量的葱、姜，用旺火烧开并打去浮沫，用微火煮烂捞出用凉水洗净即好。煮烂的肠、肚必须用清水浸泡，否则会使肚、肠的色泽变黑，影响质量。

2．猪舌、牛舌：先入沸水锅中煮至一定的火候，然后放入冷水中浸透，再刮去舌苔洗净即好。

3．猪肺：猪肺的洗涤，根据其烹调的要求，一般采取剪开冲洗或灌水冲洗两种方法。

（1）剪开冲洗法：将猪肺的大小气管和食管剪开，用清水洗净，入开水锅中焯去血污，再用清水洗净即好。

（2）灌水冲洗法：将猪肺的气管套在水笼头上，灌水冲洗数遍，直至血污冲净肺叶呈白色为止，再入开水锅中焯去血污洗净即好。

4．猪头：摘净余毛，用尖刀剔去耳朵中的污垢，由中间劈开，去其“臭鼻子”洗净，入开水锅中焯去血污即好。

5．脑、脊髓：此两种原料因质地极嫩，容易破损，洗涤时应置于清水中轻轻漂洗，并用牙签将其中的血筋挑去，洗净即好。

6．牛肚、羊肚：先放入开水锅中焯一焯，捞出刮去上面的污垢，再用清水洗净即可。

第六节 常见野味的初步加工

野味，是指一些野生的而用于烹调菜肴的飞禽、走兽。我国南北方均有出产，以南方较多。特别是粤菜系野味的使用范围更广，不少的飞禽、走兽、爬虫均可制成有独特风味的各种名菜。但野味多为保护性物种，这里只作为学生应了解的知识而加以介绍。

一、野味初步加工的要求

烹调中使用的野味，因品种不同，加工的方法也不尽相同。野味的初步加工较为复杂，技术性要求很高，加工质量的好坏，直接影响着菜肴的质量及人体的健康。因此，在初加工时应注意以下几点：

1. 勿用已变质的野味：许多野味品种因数量较少、获取不易而成为名贵的烹调原料，故保存时间较长，极易变质。对于已腐烂变质的野味，要忍疼割爱，坚决不能使用，以保证人体的健康。

2. 取尽体内的铁砂和弹头：对于一些用猎枪击中的野味，加工时应认真检查枪口处，将体内的铁砂和枪弹取尽，防止事故的发生。

二、部分野味的初步加工实例

（一）黄猄

黄猄，产于广东省西北部一带山区，形似小黄牛，脚高细、色金黄，行走极快。宰杀时先将后足捆牢，左手将嘴抓紧，用较长的尖刀从喉部刺入放血，然后用70℃热水烫透，煺净毛，再剖腹取出内脏洗净即好。

（二）豹猫

豹猫，亦称钱猫、山猫、狸子、狸猫。哺乳纲，猫科。体大如猫，全身浅棕色，有许多褐色斑点，从头顶到肩部有四条棕褐色的纵纹，两眼内缘向上各有一白纹。栖息森林、草丛间，常出没于城市近郊。以鸟类为食，常盗食家畜，也吃鼠、蛙、昆虫、果实等。广布于我国南北各地，以及越南、印度等国。豹猫的宰杀方法有两种：

1. 酒醉：用一根中空的铁管伸入笼内至豹猫头部，豹猫便会张口咬住铁管，随即用酒从铁管上端灌入豹猫的口内，片刻便醉倒，醉后刺喉放净血，用70℃的热水烫透全身，煺净毛，剖腹取出内脏洗净即可。

2. 水淹：把装有豹猫的铁笼放入水中将其淹死，再刺喉放净血，用75℃左右的热水将全身烫透，煺去毛，剖腹取出内脏洗净即好。

（三）穿山甲

穿山甲，亦称鲮狸。哺乳纲，穿山甲科。体和尾被有覆瓦状的角质鳞。体长一般为40～55厘米；尾扁而粗，较体为短，长约27～35厘米；头小，吻尖，口、耳和眼都小，无齿，舌细长，能从口孔伸出舐食物。四肢短，爪强壮锐利，用以搔地觅食或掘洞穴居住。主食蚁类特别是白蚁。产于我国南部以及越南、缅甸等地。宰杀时，先将其用力摔在地上，使它的鳞甲松散，舌头突出，然后割颈放血，用80℃的热水烫透脱甲，用火炙去幼毛，剖腹去内脏，洗净即可。

（四）蛇

蛇，爬行类动物。身体圆而细长，体表被覆角质鳞，种类很多，有的有毒，有的无毒，毒蛇一般头呈三角形。蛇分布于热带和亚热带，生活于平地、丘陵或山地，我国南方食用的较多。宰杀方法是：先用右手将蛇轻轻拿起，左手沿着蛇身轻轻捋上蛇头，用食指和拇指把蛇头捏紧，右脚踏着蛇尾，右手用小刀在蛇颈圈处开一刀把颈皮割断，然后用尖刀插入皮内，从头割至尾，剥去蛇皮，连内脏带出，剁去蛇头、尾洗净即可。

（五）禾花雀

禾花雀嘴崛而短，类似麻雀，毛色花黄，尾毛长细。多产于广东省南海、番禺等县的禾田地区，产期一般在秋季。饮食业用的禾花雀多为光雀。其初步加工是：先将光雀用水洗净细毛，剪去翼尖脚爪，剖腹取出内脏，洗净雀身即好。

（六）鹌鹑

鹌鹑，鸟纲，雉科。雄鸟体长近20厘米，为鸡形目中最小的种类。头小尾秃，额、头侧、颏和喉部等均淡红色，周身羽毛都有白色羽千纹。繁殖于我国东北及俄罗斯西伯利亚南部，我国各地均有，现在人工饲养较多。宰杀时多采用摔死或淹死的方法。用60℃的水烫透后，煺净羽毛，剖腹取出内脏洗净即好。

（七）竹鸡

竹鸡，鸟纲，雉科。体长约30厘米，上体大多黄橄榄褐色，羽有赤褐色羽千斑，颈侧褐灰色，背部具栗色和白色斑，腹部棕色，足和趾褐色。分布于我国长江以南各处山地。

竹鸡用于烹调的多为死禽，应根据用途加工，如用于切片生炒，可以剥去皮，再斩去头和脚，剖腹取出内脏，洗净鸡身即好。整鸡用于烹制菜品，必须保存外皮完整，煺毛要干净，煺毛后剖腹取出内脏洗净即可。

（八）野鸭

野鸭，鸟纲，鸭科。形似家鸭，稍小，能飞善游。种类很多，有绿翅鸭、花脸鸭、罗纹鸭、绒鸭、鹊鸭等。野鸭多栖于湖泊中，肉供食用，羽可制绒，是重要的经济水禽。

野鸭因多为枪杀的，故在初步加工时，要注意检查枪口处，取出留在体内的子弹，用冷水将毛淋至湿透，放入70℃热水中烫透煺净毛，开腹取出内脏，洗净鸭身即好。

思 考 题

1. 鲜活原料初步加工的意义是什么？

2. 新鲜蔬菜初步加工的要求和方法是什么？

3. 水产品的初步加工有哪些要求？水产品初步加工的方法是什么？

4. 家禽的初步加工有哪些要求？加工的方法是什么？

5. 家畜内脏及四肢的加工方法有哪些？常用的家畜内脏及四肢加工的方法是什么？

第三章　出肉、取料和整料去骨

第一节　出肉加工

出肉加工，就是根据烹调的要求，将动物性原料的肌肉组织从骨骼上分离出来。出肉是烹调前的一道重要工序。它不但涉及到原料的利用率，而且直接影响着菜肴的质量。

出肉有生出和熟出两种。生出，是将未经加热的生原料进行出肉加工。熟出，是将已加热成熟的原料进行出肉加工。不论生出还是热出，出肉加工都要达到如下基本要求：

1. 为烹调提供符合标准要求的原料。出肉是烹调前必不可少的重要步骤，出肉要为达到烹调目的和美化菜肴服务。如制做“红烧肘子”时选用的猪肘子（蹄膀）必须完全取用其肘肉，而去掉肘骨。又如，做“排骨”菜肴在出“排骨”时，却必须把肋条骨和骨下连结的一层五花肉一起出，而不能只要肉不要骨，也不能全是骨而没有肉。

2. 出肉必须出得干净。做到骨不带肉，肉不带骨，尽量避免浪费。因此，出肉时，下刀要做到刀刃紧贴着骨骼操作。

3. 熟悉家畜、家禽的肌肉和骨骼的结构及其不同部位的位置，做到下刀准确。

本节介绍几种常用原料的出肉加工方法。

一、猪的出肉加工

猪的出肉加工也叫“剔骨”。先将半片猪肉放在案板上

（皮朝下），用砍刀将脊骨砍为几段（不要砍断肉），然后依次剔去各种骨骼。

1. 剔肋骨。用刀尖先将肋骨条上的薄膜划破，将肋骨条推出肉外，直至脊骨，然后连同脊骨一起割下，如果要出“排骨”时，则需用砍刀把肋骨从脊骨根部砍断，连带肋骨下的一层五花肉一起片下。

2. 剔前腿骨。先在前腿内侧从上到下用刀割开，使骨头露出，再割出“锨板骨”下关节将上面的肌肉分开，用刀掰下锨板骨，然后再沿前腿骨骼用刀划开，把腿骨剔出。

3. 剔后腿骨。从髋骨处下刀割开，再沿棒子骨处下刀，将肉分开，割断关节上的筋，将两侧的肌肉分开刮净，取出髋骨和棒子骨，再剔小腿骨，划开皮肉后，可以看到在腿骨侧面并行一条小细骨，应先去掉，再剔去小腿骨。剔棒子骨（大腿骨）与小腿骨时应交替进行，才能较快地将骨剔出。下图为猪全身骨骼示意图（见下页图）。

经过上述三个步骤，整片猪的出肉加工即告完成，就是说，其中的骨骼都已去掉了。牛羊的出肉加工与猪的大体相同。

二、水产品的出肉加工

主要介绍一般鱼类、虾类、蟹类、贝类、牡蛎的出肉加工。

（一）一般鱼类的出肉加工

所谓一般鱼类，是指常用烹制菜肴的鱼类。鱼的出肉加工，有直接将生鱼去骨、去皮而用其净肉的；也有先将鱼煮熟或蒸熟再去骨去皮而用净肉。用来出肉的鱼，一般选择肉厚、刺少的，如扁口鱼、黄花鱼、桂鱼、鲤鱼等。

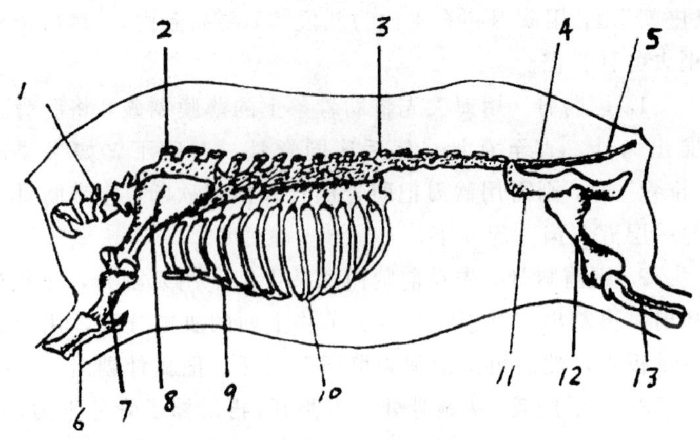

1. 第一颈椎　2. 第一胸椎　3. 第一腰椎　4. 荐骨　5. 尾椎　6. 前臂骨（前小腿骨）　7. 臂骨（前大腿骨）　8. 肩胛骨（锨板骨）　9. 胸骨　10. 肋骨　11. 髋骨　12. 股骨（棒子骨）　13. 后小腿骨

1. 棱形鱼类的出肉加工。棱形鱼类是指鱼体外形像织布梭子一样的鱼类。这类鱼多是肉厚刺少，适宜用来出肉，如大黄花鱼、小黄花鱼、黄姑鱼、鲤鱼、桂鱼等。以黄花鱼为例，将黄花鱼头朝外，腹向左放在墩子上，左手按着鱼，右手持刀，从背鳍外贴脊骨，从鳃盖到尾割一刀，再横片进去，将鱼肉全部片下，另一面也如法炮制。然后，把两扇鱼肉边缘的余刺去净。最后将皮去掉（也有不去皮的）。

2. 扁形鱼类的出肉加工。以牙鲆（偏口）鱼为例，将鱼头朝外，腹向左平放在菜墩上，顺鱼的背侧线划一刀直到脊骨，再贴着刺骨片进去，直到腹部边缘，然后将鱼肉带皮撕下，背部的出肉需两次才能全部取下；再将鱼翻过来，出另一面的肉，方法相同，最后将余刺和皮去掉。

3. 长形鱼类的出肉加工。长形鱼类多是长圆柱体形，如海鳗（又名狼牙鳝、即勾）、鳗鲡（又名白鳝、白鳗、鳗鱼）、黄鳝（又名鳝、鳝鱼）。

长形鱼类的脊骨多是三棱形的。以黄鳝鱼的出肉加工为例，鳝鱼的出肉加工有生出和熟出两种。生出肉加工的操作过程是：将鳝鱼宰杀放尽血后，用左手捏住鱼头，右手将尖刀从颈口处插入，随即紧贴脊椎骨一直向尾部划，划为两条，除去全部脊骨。鳝鱼的熟出肉加工的操作过程是：将烫死的鳝鱼进行“划鳝”。“划鳝”有划“双背”和“单背”之分，所谓划双背，就是将鳝鱼划成鱼腹一条，鱼背一条（即整个背部肌肉连成一片，中间不断开）。所谓单背，就是划成鱼腹一条，鱼背两条（即整个背部肌肉中间断开成为两条）。

因鳝鱼的骨骼是三角形的，所以一般划法都是顺骨骼划三刀。先是鱼腹，将鱼头向左，尾向右，腹向里，背向外，放在案板上。左手握住鱼头，并用大拇指压颈下骸骨处，撬开一个可以看到鱼骨的缺口；右手将划刀竖直，从缺口处贴骨插入，透过肉而碰到案板。这时，用大拇指和食指捏住划刀，后三指扶牢鱼背，用力把刀向尾部划去，使背部一侧的肉与骨分离（但背部中间的肌肉并没断开）。然后，将鱼翻一个身，用同法将另半面背部的肉与骨分开。这样，整个背部肌肉连在一起的一条双背就划了下来。划单背的方法较简单，就是在划的时候，将背部肌肉的中间处划断而把鳝背划成两条背肉。

鳝鱼的骨头不要丢弃，可用于提取鲜汤。

鳗鲡和海鳗的出肉加工，都是生出，基本方法和黄鳝的出肉加工相同。

（二）虾的出肉加工

虾有海虾和淡水虾两大类，每类中又有若干种。

出虾肉也叫出虾仁，有挤、剥两种方法。挤的方法一般用于小虾，可捏着虾的头尾，用力将虾肉从脊背处挤出。剥的方法一般用于大虾，将虾头去掉（另作他用），再将虾皮剥下，虾尾留否应根据菜肴的要求来确定。

另外，还有将虾煮熟再剥出虾肉的。

河虾在4～5月中旬有虾籽及虾脑，在出肉加工中应加以利用。取虾籽时应将虾放在清水中漂洗，去掉杂物。将虾籽上笼蒸透成块，然后弄散备用。也可以用慢火炒熟后再用。虾脑也可取出，盛入碗内，另作它用（色泽红艳，可作色素）。

（三）蟹的出肉加工

用于出肉加工的蟹类，既有海蟹类，也有淡水蟹类。

出蟹肉也叫“剔蟹肉”，是先将蟹蒸熟或煮熟，然后分别按部位出蟹肉和蟹黄。

1．出腿肉。将蟹腿取下，剪去一头，用擀杖在蟹腿上向剪开的方向滚压，把腿肉挤出。

2．出螯肉。将蟹螯扳下，用刀拍碎螯壳后，取出螯肉。

3．出蟹黄。先剥去蟹脐，挖出小黄，再掀下蟹盖用竹签剔出蟹黄。

4．出身肉。将掀下蟹盖的蟹身肉，用竹签剔出。也可将蟹身片开，再用竹签剔出蟹肉。

（四）贝壳类的出肉加工

1．海螺的出肉加工。将海螺壳砸破，取出肉，摘去螺黄，取下厣（yǎn），加食盐、醋搓去海螺的粘液，洗净黑膜。用此法出肉，肉色洁白，但出肉率低，适用于爆、氽等烹调方法制作菜肴。另一种方法是将海螺洗净后，放入冷水锅内煮至螺肉离壳，用竹签将螺肉连黄挑出洗净。用此法出肉，螺肉色泽较差，但出肉率较高，适用于红烧等烹调方法制作菜肴。

2. 鲜鲍鱼的出肉加工。鲍鱼贝壳大，椭圆形，单面壳。鲜鲍鱼的出肉较为简单，用薄利刃紧贴壳里层，将肉与壳分离，然后将鲍鱼肠等去掉，再搓洗干净。

3. 蛤类的出肉加工。一般都是先洗净，后放入冷水锅中煮沸，捞出后将肉剥下。另一种方法是出生，将个大的蛤类洗净后，一片两爿，将肉取下。

4. 蛤贝、毛蚶、蛏类的出肉加工。大多是洗净后，放入冷水锅内煮开，捞出将肉取下。

5. 牡蛎的出肉加工。牡蛎又叫海蛎子，生长在海边的岩石上，肉鲜嫩、味美。出肉加工也分生出和熟出两种。熟出是将海蛎子带壳洗净，放入冷水锅中煮熟，将肉取下。其优点是肉中无残壳、干净，但不及生出的鲜美。生出是用一种专用工具，将附在岩石上的牡蛎的上壳掀掉，将肉取下，然后去净残壳。

第二节　分档取料

分档取料就是把已经宰杀的整只家畜、家禽根据其肌肉、骨骼等组织的不同部位进行分档，并按照烹制菜肴的要求进行有选择的取料。分档取料是切配工作中的一个重要程序，它直接影响菜肴的质量。

一、分档取料的作用

分档取料的作用主要有以下两种：

1. 保证菜肴的质量，突出菜肴的特点。由于家畜各部位肉的质量不同，而烹调方法对原料的要求也是多种多样的，所以在选择原料时，就必须选用其不同部位，以适应烹制不同菜肴的需要，保证菜肴质量，突出菜肴的特点。

2. 保证原料的合理使用，做到物尽其用。根据原料各个不同部位的不同特点（质量）和烹制菜肴的多种多样的要求分档取料，选用相应部位的原料，不仅能使菜肴具有多样化的风味、特色，而且能合理地使用原料，达到物尽其用。

二、分档取料的关键

1. 熟悉原料的各个部位，准确下刀是分档取料的关键。例如从家畜、家畜的肌肉之间的隔膜处下刀，就可以把原料不同部位的界限基本分清，保证所取用的不同部位原料的质量。

2. 必须掌握分档取料的先后次序。取料如不按照一定的先后次序，就会破坏各个部分肌肉的完整，从而影响所取用原料的质量，同时造成原料的浪费。

三、分档取料的方法

（一）家禽

鸡、鸭、鹅等家禽的肌体构造和不同肌肉部位的分布大体相同。下面以鸡为例，来说明家禽的各部位名称、用途和分档取料的方法。

1. 鸡。各部位名称如右图所示。

(1) 鸡头：多用于吊汤或煮、酱。

(2) 鸡颈：可用于煮、炖、烧等烹调方法。

(3) 脊背：脊背两侧各有一块肉，俗称“粟子肉”或

“腰窝肉”。此肉老嫩适宜，无筋，适用于爆炒等。脊骨多用于制汤。

（4）胸脯肉和里脊肉：里脊肉（俗称“鸡牙子”）是鸡全身最嫩的肉。胸脯肉仅次于里脊肉，宜用于“拉鸡丝”或制成大片。多用于爆、炒或制茸等。

（5）鸡翅膀：不宜用于出肉，多带骨用于煮、炖、焖、红烧、酱等。

（6）腿肉：肉厚，但较老，多用于烧、扒、炖等。

（7）鸡爪：用于煮汤、制冻或卤酱等。

2. 鸡的分档取料方法。分档取料，亦称“剔鸡”，就是将鸡肉分部位取下，再将鸡骨剔出（亦称鸡的出肉加工）。主要步骤与方法是：左手握住鸡的右腿，使鸡腹向上，头朝外。右手持刀，先将左腿跟部与腹部相连接的肚皮割开，再将右腿同部位的皮割开，把两腿向背后折起，把连接在脊背上的筋割断，再把腰窝的肉割断剔净；握住两腿用力撕下，沿鸡腿骨骼用刀划开，剔去腿骨。然后，左手握住鸡翅，用力向前顶出翅跟关节，右手持刀将关节处的筋割断，将鸡翅连同鸡脯肉用力扯下，再沿翅骨用刀划开，剔去翅骨，再将鸡里脊肉（鸡牙子）取下即成。鸭、鹅的出肉加工与鸡基本相同。

（二）家畜

主要介绍猪、牛、羊各部位名称及用途。

1. 猪。各部位名称如下页图所示。

（1）头：从宰杀刀口至颈椎顶端处割下。

（2）尾：从尾根处割下。

以上合称头尾部位。头和尾一般用于酱、烧、煮等。

（3）上脑：位于背部靠近颈处，在扇面骨上面，这块肉质地较嫩，瘦中夹肥，俗称“第二刀前槽”，适用于炸、熘、

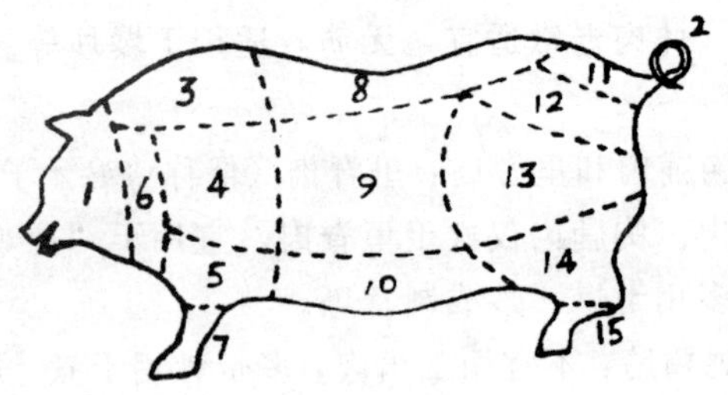

炖、焖等。

（4）夹心肉：位于前槽、颈和前蹄膀的中间，肉老有筋，吸水性强，适用制馅、做丸等。在夹心肉部位内有小排骨。在剁去前蹄膀的落刀处，用刀在肋骨下面向上推过去，剔下胸前的排骨，即是小排骨。此处排骨肉不老不嫩，最适宜烹制“糖醋排骨”、“椒盐排骨”，也可煮汤等用。这块肉的前部俗称“硬肋”，在小排骨的下面有一长条瘦肉，称为“梅子肉”，宜用于制馅及做肉丸等。

（5）前蹄膀：可在骱骨处割下取得。蹄膀皮厚筋多，胶质多，适宜红烧、清炖等。

（6）颈肉：俗称“血脖”、“槽头肉”，可沿脑顶骨直线切下取得，肉老质次，肥瘦不分，多用于制馅等。

（7）前脚爪：可在爪部的骱骨处割下取得。只有皮、筋、骨，而没有肉，胶质蛋白丰富，剥去蹄壳后才能烹制，多用于红烧、酱、煮汤、制冻等。从脚爪中可抽出一个粗筋，凉干即为“蹄筋”，从前脚爪抽出的蹄筋涨发性差，质量不如后脚爪的好。

（8）脊背：猪的脊背部位，包括里脊、外脊、大排骨。外脊附着在大排骨上面，在剔大排骨时，要注意外脊的完整，并把外脊肉取下；大排骨筋少肉嫩，可用于炸、煎、烤等。外脊俗称通脊、硬脊、扁担肉，是猪身上较嫩的肉，可用于炸、煎、熘、爆、炒等多种烹调方法。里脊肉是位于外脊的内侧（肋骨的下面），从腰子到分水骨之间的一条肉，呈一条稍细的圆长条形，肉质细嫩，适用于炸、熘、爆、炒。

（9）五花肋条：一般带排骨的称为方肉，不带排骨的称为“五花肉”，五花肉又分为硬肋、软肋，亦叫“硬五花”、“软五花”。五花肉的特点是肥瘦肉有规则地间层排列，呈“五花三层”。硬五花肉一般多用于煮、氽、红烧、粉蒸等。软五花一般用于炖、焖等。在此部位还有猪板油、网油等，剥下可熬油或作他用。

（10）奶脯：俗称“肚囊子”，在猪腹部位，此部位的肉质量较差，都是些泡泡状的肥肉，皮可制冻，肉可炼油。

以上自脊背至奶脯三个部位统称“方肉”（当腰）部位。

（11）臀尖：位于猪臀的上部，都是瘦肉，肉质细嫩，可代替里脊肉。适用于爆、煎、熘、炒、炸等。

（12）坐臀：后腿上面紧贴肉皮的一块长方肉，一端厚，一端薄，肉质较老，丝缕较长，一般用于煮、酱、炒等。

（13）外裆：又名后腿肉、弹子肉。位于分水骨下面，后腿前部的瘦肉，肉质较嫩，可代替里脊肉，多用于炒、炸、熘等。

（14）后蹄膀：又名后肘把。可从骱骨处卸下，肉质坚实，可用于红烧、清炖等。在蹄膀下面和脚爪上面还有一块膝踝筒，俗称“蹄圈”，可用于清炖、酱等。

（15）后脚爪：可从膝股骨处割下取得，从中抽得的蹄筋，干制后涨发性较强，比前爪的好，脚爪只有皮、筋、骨。剥去蹄壳后才能烹制食用，多用于酱、煮、制冻等。

以上自臀尖至后脚爪五个部位，统称后腿部位。

2. 火腿。各部位名称如下页图所示。

（1）油头：宜于烧、扒等。

（2）枚头：宜于清蒸等。

（3）升肉：宜用于切丝。

（4）草鞋底：适用于冷拼。

（5）手袖：宜用于煮、烧、制汤。

（6）脚：宜用于炖、烧。

皮、肥肉、骨（要敲碎）：宜于制汤。

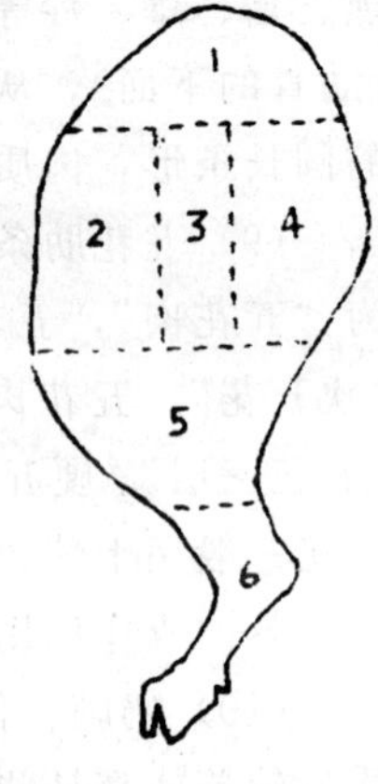

3. 牛。牛肉的部位名称和用途与猪肉相仿，但有些部位肉的质量与猪肉有所不同，用途也不一样。如下图所示。

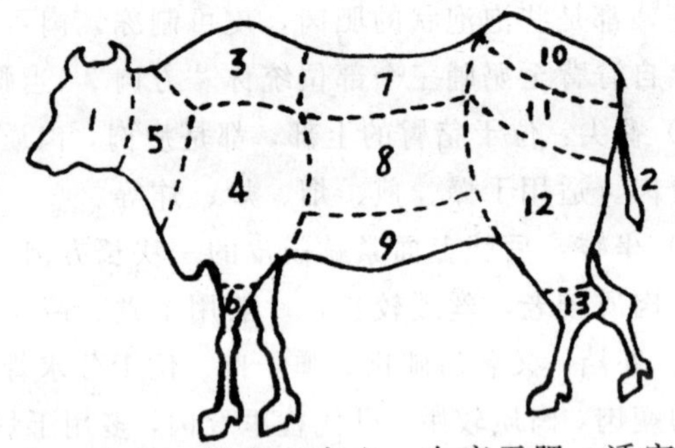

（1）头：皮多，骨多，肉少，有瘦无肥。适宜酱、烧等烹调方法。

（2）尾：肉质肥美，适宜于炖、煮、烧、酱。

以上合称头尾部位。

（3）上脑：位于脊背前部，靠近后脑。肉质肥嫩，可用于烤、炒、涮等。

（4）前腿：位于颈肉后部，包括前胸和前腱子的上部。肉质较老，适用于红烧、煮、酱、制馅等。

（5）颈肉：即牛脖子肉。质较差，可用作红烧、炖汤、酱、制馅等。

(6) 前腱子：肉质较老，多用于酱、红烧、煮等。

以上自上脑至前腱子四个部位统称前腿部位。

(7) 脊背：包括牛排、外脊、里脊。外脊是附着在脊骨外侧，在上脑之后，仔盖之前的两条长条肉。肉丝斜而短，质松肥嫩，通常用于烤、炸、炒、爆等。

(8) 腑肋：位于牛胸部的肋骨处，相当于猪的五花肋条肉。肉中夹筋，一般用于红烧或制汤等。

(9) 胸脯：又名“白奶”。位于腹部，呈带状。肉层较薄，附有白筋，一般用于红烧，较嫩的部分也可炒。

以上自脊背至胸脯三个部位统称腹背部位。

(10) 米龙：位于牛尾根部，前接牛排，相当于猪的臀尖。肉质较嫩，表面有膘，适宜于切丝做牛肉饼，多用于炸、熘、爆、炒等。

(11) 里仔盖：位于米龙的下部。肉质嫩而瘦。可以代替米龙用。

(12) 仔盖：位于里仔盖的下面。用途与里仔盖、米龙相仿。里仔盖旁边还有一块，由五条筋而合成的肉，俗称“和尚头”，肉质较嫩，多用于炒、爆等。

(13) 后腱子：肉质较老，多用于红烧、酱煮等。

以上自米龙至后腱子四个部位统称为后腿部位。

另外还有：①“牛鞭条”(即雄牛生殖器，又称牛鞭)。位于雄牛腹下，近肛门处。取出剖丌除去尿膜和腻质后，可以炖、煨等。②牛骨髓，从脊骨或腿骨中挖出，熬油去渣，烹制成牛骨髓粉。二者均有丰富的营养。

4. 羊。羊的肌体各部位名称如下图所示。

(1) 头：肉少皮多，可用于酱、扒、煮等。

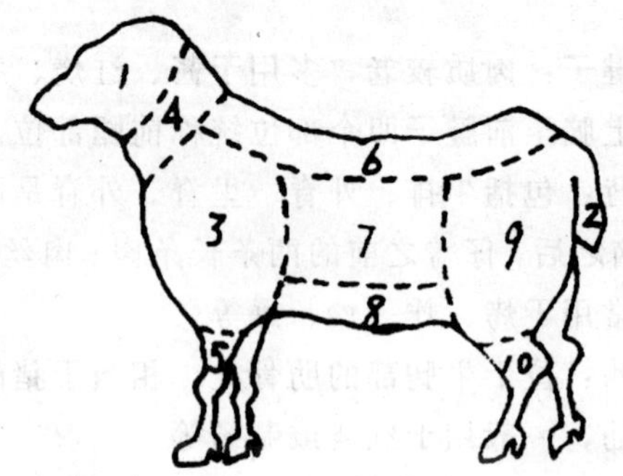

（2）尾：绵羊尾多油，用于爆、炒、氽等。山羊尾尽是皮，可用于红烧、煮、酱等。

以上合称头尾部位。

（3）前腿：位于颈肉后部，包括前胸和前腱子的上部，肉脆，适宜于烧、扒。其他的肉多筋，只宜用于烧、炖、酱、煮等。

（4）颈肉：肉质较老，夹有细筋，可用于红烧、煮、酱、炖以及制馅等。

（5）前腱子：肉老而脆，纤维很短，肉中夹筋，适宜于酱、烧、炖等。

以上自前腿至前腱子三个部位统称前腿部位。

（6）脊背：包括里脊肉与外脊肉等。外脊肉（又称扁担肉），位于脊骨外面，呈长条形，外面有一层皮筋，纤维斜长细嫩，用途较广，可用于涮、烤、熘、炒、爆、煎烹等。里脊肉位于脊骨内面两边，形如竹笋，纤维细长，是羊身上最嫩的两条肉，外有少许筋膜包住，去筋膜后用途很广。

（7）肋条：又名方肉，位于肋骨的内部，方形无筋，外附一层云膜，肥瘦兼有，适宜于涮、烤、爆、烧、焖、扒等。

（8）胸脯、腰窝：胸脯肉位于前胸，形长似海带，直通颈下，肉质肥多瘦少，肉中无皮筋，性脆，用于烤、爆、炒、烧、焖等。腰窝肉位于腹部肋骨后近腰处，纤维长短不一，肉内夹有三层筋膜，是肥瘦互夹的五花肉。肉质老，质量较差，宜用于酱烧、焖、炖等。腰窝中的板油叫“腰窝油”，内蒙古、青海、新疆等地均作食用。

以上自脊背至胸脯腰窝三个部位统称腹背腰部位。

(9) 后腿：羊的后腿比前腿肉多而嫩，用途较广，适用于多种烹调方法。其中，位于羊的臀尖的肉，亦称人三叉(又名一头沉)，肉质肥瘦各半，上部有一层夹筋，去筋后都是嫩肉，可代替里脊肉。臀尖下面位于两条腿裆相磨处，叫磨裆肉，形如碗状，肌肉纤维纵横不一，肉质粗而松，肥多瘦少，边上稍有薄筋，宜于烤、炸、爆、炒等。与磨裆相连处是黄瓜肉，肉色淡红，形状如两条相连的黄瓜。每条黄瓜肉上肌肉纤维一斜一直排列，肉质细嫩，一头稍有肥肉，其余都是瘦肉。在腿前端与腰窝肉相近处有一块凹圆形的肉，纤维细紧，肉外有三层夹筋，肉质瘦而嫩，叫“元宝肉”、“后鸡心”，以上部位的肉均可代替里脊肉使用。

(10) 后腱子：肉质和用途与前腱子相同。以上后腿、后腱子两个部位统称后腿部位。

此外还有：

羊爪（蹄）：去皮、蹄壳后可用于制汤。

脊髓：在脊骨中，有皮膜包住，青白色，嫩如豆腐，用于烩、烧、氽等。

羊鞭条：即肾鞭，质地坚韧，可用于炖、焖等。

羊肾蛋：即雄羊的睾丸，形如鸭蛋，外有薄花纹皮包住，嫩如豆渣，可用于爆、酱等。

奶脯：母羊的奶脯，色白，质软带脆，肉中带“沙粒”并含有白浆，一烫就脆，可用于酱、爆等，与肥羊肉的味相似。

第三节　整料去骨

为了烹制出选料精细、造型美观的菜肴，往往要将鸡、鸭、鱼等整只原料，进行“整料去骨”。这是将整只原料去净或剔除其主要的骨骼，而仍保持原料原有的完整外形的一种处理技法。原料经去骨后不仅易于入味和便于食用，还可在去掉骨骼的空隙处填入其他原料，这既便于营养的互补，又可使造型美观，引起人们的食欲。原料去骨后较柔软，可以适当地改变其形状，而制成象征性的精致菜肴，增加人们的美感享受。

一、整料去骨的要求

整料去骨在选料和技术方面的要求都比较高。

（一）选料必须精细

凡作为整料去骨的原料，必须精选肥壮多肉，大、小老嫩适宜的原料。鸡应当选用一年左右，而尚未开始生蛋的。鸭应当选用8～9个月的肥壮母鸭。这种鸡、鸭不老不嫩，去骨和烹制时皮不易破裂，成菜口感适宜。选用鱼时，也应当选用500克左右、肉厚而肋骨较软的，如黄鱼、桂鱼，并且要求新鲜程度高。

（二）初步加工必须认真

鸡、鸭烫毛时，水的温度不宜过高，烫的时间也不宜过长，否则去骨时皮易破裂。鱼类在刮鳞时，不可碰破鱼皮，以免影响质量。鸡、鸭等先不要破腹取内脏，而可等去骨时随着躯干骨骼一起除去。鱼的内脏，也可以从鳃中卷出。

（三）去骨必须谨慎，且下刀准确

要注意不破损外皮，选准下刀的部位，做到进刀贴骨，剔骨不带肉，肉中无骨。

二、整料去骨的方法

以整鸡去骨和整鱼去骨来说明具体方法。

(一) 整鸡（鸭）去骨

鸡的全身骨骼如下图所示。去骨步骤如下：

1. 划破颈皮，斩断颈骨。沿鸡颈在两肩相夹处直划一条约6.5厘米长的刀口。把刀口处的颈皮扳开，将颈骨拉出，在靠近鸡头处将颈骨剁断，刀不可碰破颈皮。

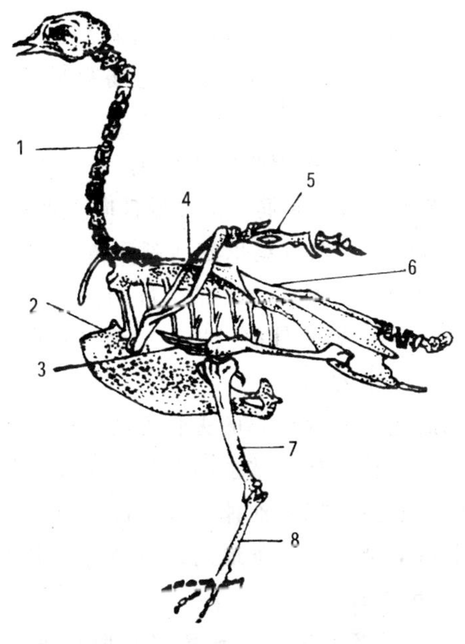

1. 颈骨　2. 龙骨　3. 胸骨　4. 翅骨　5. 小翅骨
6. 脊骨　7. 大腿骨　8. 小腿骨

2. 去翅骨。从颈部刀口处将皮翻开，使鸡头下垂，然后连皮带肉缓缓往下翻剥，分别剥至翅骨的关节处，待骱骨露出后，用刀将关节上的筋割断，使翅骨与鸡身脱离。先抽出挠骨和尺骨，然后再将翅骨抽出（小翅骨不出）。

3. 去鸡身骨。一手拉住鸡颈骨，另一手拉住背部的皮肉，轻轻翻剥。要将胸骨凸隆处按下，或用剪刀从内里将龙骨剪断，使其低凹，以免翻剥时将皮戳破。翻剥到脊部皮骨连接处时，用刀紧贴着背骨割离再继续翻剥，到鸡腰窝肉处时，应把鸡腰窝肉剔下；剥到腿部时，将大腿筋割断，使腿骨脱离。再继续向下翻剥，剥到肛门处，把尾尖骨割断（不要割破鸡尾），鸡尾仍留在鸡身上。这时，鸡身骨骼已与皮肉分离，随即将骨骼、内脏取出，将肛门处的直肠割断。洗净肛门处的粪便。

4. 出鸡腿骨。将大腿骨的皮肉翻下一些，使大腿骨关节外露，用刀绕割一周，断筋，将大腿骨向外抽拉至膝关节时，用刀沿关节割下，再在近鸡爪处横割一道口，将皮肉向上翻，将小腿骨抽出斩断。至此骨骼已全部出完。

5. 翻转鸡肉。鸡的骨骼去净后，仍将鸡皮翻转朝外，形态仍然是一只完整的鸡。

鸭、鸽的整料去骨与鸡的去骨方法和步骤大体相同。再讲一下鸭掌的去骨：把鸭掌去净黄皮、洗净，剁去趾甲，放入冷水锅内，煮熟。把筋抽掉，放入冷水过凉。取出，用小刀在掌面上沿掌趾骨一条条地划开，把骨头取出，备用。

（二）整鱼去骨

1. 不开口式整鱼出骨。整鱼（一般指梭形鱼类）出骨（刺）需用一把长约 30 厘米、宽 2 厘米以上、刀尖略窄，两侧刀刃锋利的剑形刀具。出骨的方法步骤是：取鱼一尾洗净后，不要破腹，从鳃部把内脏取出，擦干水分，放在墩子上，掀起鳃盖，把脊骨斩断（勿把肉和皮斩断）再将鱼尾处的脊骨斩断，不要把鱼尾断下。然后将鱼头向里，尾向外，放在墩子的中心，左手按住鱼身，右手持刀具将鳃盖掀起，沿脊骨的斜面推进，后平片向腹部，先出腹部一面，再出脊背部。然后把鱼翻过来用同样的方法出另一面。至两面都进行完时，即可把脊骨抽出（背部和腹部的小刺不出）。如鱼较大时，也可把鱼头斩下，再把出脊骨的鱼肉翻过来，应注意不要弄破鱼皮，再把小刺用刀片净，然后再翻转恢复原状。

2. 开口式整鱼出骨。主要有出脊椎骨、出胸肋骨两个具体步骤：

（1）出脊椎骨。将鱼头朝外，腹向左，放在墩子上。左手按住鱼腹，右手持刀，沿鱼背翅紧贴鱼的脊骨，横片进去，从鳃后直到尾部划开一条长刀口。用手在鱼身上按紧，使刀口张开，刀继续紧贴鱼骨向里片，直至片过脊骨。再贴骨平片腹部（不要弄破腹部的皮）使鱼骨与一面的肉分离。然后，将鱼翻身，用同样的方法使另一面的脊椎骨也与鱼肉分离出来。在靠近鱼头和鱼尾处，将脊椎骨斩断，但头、尾仍与鱼肉相连。

（2）出胸肋骨。将鱼腹皮朝下放在墩子上，翻开鱼肉，使胸骨露出根端。将刀略斜紧贴刺骨，往下片进去，使胸骨脱离鱼肉。然后，将鱼身肉合起，仍然保持鱼的完整形状。

这种整鱼出骨方法较简单，但不足之处是留下背部的长刀口，在制做酿制菜肴时，需把鱼背部“缝合”。

由于当前科技水平的发展，机械化生产程度的不断提高，本章上述有关内容，多已被现代化的生产所代替。烹饪所需的原材料有些已加工成了半成品，勿需我们再进行“出肉”或

“分档取料”，然而从事烹饪的技术人员，了解这些知识，掌握这些技能，还是非常必要的、不应忽视的。为了继承、发展、开拓我国的烹饪技术，创新具有中国特色的美馔珍馐，离不开烹饪的基础知识和基本技能，更离不开烹饪工作者灵巧的双手，这是机械化所代替不了的，至少在现阶段还是如此。因此，我们还是应该认真地学习钻研这些知识，努力掌握这些技能，为继承和弘扬中国烹饪文化而刻苦学习。

思考题

1. 何谓出肉、取料和去骨？
2. 出肉加工有哪两种方法？其基本要求是什么？
3. 简述剔鸡的方法？
4. 看图叙述鸡、猪、牛、羊各部位名称、质地和用途？
5. 整料去骨有哪些要求？
6. 试述整鸡去骨的步骤和应注意的问题？

第四章 干制原料涨发

第一节 干料涨发的意义

可供烹调使用的原料,不仅有大量鲜活的动植物性原料,而且有相当一部分经脱水干制的原料。它们与鲜活原料比较,具有干、硬、老、韧等特点。由于原料的性质及干制方法不同,干硬程度也各不相同。如动物性的干制原料一般比干制的植物性原料更为坚硬。同样的原料,干制方法不同,脱水率也不相同。如烘焙干制法较盐腌干制法脱水率就高。

原料之所以要经过脱水干制,一是为了便于保存,二是方便运输,有的原料经干制后还可以增加独特的风味。

脱水干制的方法有晒干、烘干、风干,或用草木灰、石灰炝干,也有以盐腌的方法干制或经过盐腌后再晒干的。一般说来,晒干的原料较风干的为硬,风干的脱水率较低,质地松软,鲜味损失较少。质量要比晒干的好。盐腌干制品一般带有较重的咸味、苦味,容易改变原料本来的鲜味。石灰炝干的质量最差。

干制原料可以制作多种多样的菜肴。但它们在使用前都必须经过比鲜活原料加工更为复杂的使其组织膨松吸水回软的处理过程。这个处理过程,通常称为干制原料涨发,简称"发料"。发料的目的,是使干制原料重新吸收水分,最大限度地恢复原有鲜嫩、松软的状态,并除去腥燥气味和杂质,使之便于切配烹调，合乎食用要求，利于消化吸收。

发料是一项技术性较强的工作。要把干料涨发好，必须做到以下几点。

一、熟悉干料的产地和性质

同一品种的干料，因气候、土壤、水质等生存环境不同，其质量也各有差异。因此，只有熟悉和掌握干料的不同产地及其性质，才能在干料涨发中采用适当的方法，取得既充分利用原料，又保证食用质量的良好效果。例如同是鱼翅，吕宋黄、金山黄、香港老黄等因翅板较大，翅根厚而坚硬，沙多质差，在涨发加工时就必须反复进行煮、焖、浸、漂才能将沙褪尽，去腥回软；但像乌勾、乌皮等翅，质软皮薄，只须泡焖即可，而不宜大煮和反复煮焖。所以熟悉干料的产地和性质，是采用正确的发料方法的前提。

二、能够鉴别干料质量的优劣

各种干料除因产地、季节不同而在质量上有所不同外，不同的干制方法也能使原料老嫩干硬不一。因此准确地判断干料的干硬老嫩，是涨发成败的关键之一。仍以鱼翅为例，咸水翅因含有盐分而质地潮软，淡水翅则坚硬干燥，两者不能用同一种方法涨发。又如，有的鱼翅是在干制后因受潮局部回软而再经焙干的，这种鱼翅沙粒难除，且带有异味，在涨发时就应采取相应的措施；有的鱼翅在干制前因皮破而使沙粒进入翅内，沙粒也较难除尽，涨发时须除去腐肉，漂去沙粒，取出翅筋，方能食用。

三、认真对待涨发过程中的每一环节

在发料中，除熟悉原料产地、性质及质地的老嫩好坏并采用相应的发料方法外，还必须认真对待涨发过程中的每一个操作环节。涨发中的每一环节都是紧密联系、相互影响的，稍有麻痹就可能造成损失，或者降低原料的质量。如油发蹄筋，只有在原料整理、油温控制、涨发时间等方面都掌握得好，涨发的蹄筋才能合乎要求；在漂去油腻时，加碱多少和水温高低都必须适当，加碱过多或水温太高就会使蹄筋破碎，或者在漂洗碱时挤压过猛而破坏原料形状。

第二节 干料涨发的方法

干料涨发，就是根据制做菜肴的目的要求，采取相应的方法使干料的组织膨松、吸水回软，达到切配烹调状态的加工过程。由于干料的性质差别太大，使用要求各不相同，其涨发方法多种多样。即使是一种干料，也可采取数种发料方法、多道涨发工序。无论涨发哪一种干料，采用何种方法，多少道工序，要想达到涨发目的，最终都必须使干料吸水回软。根据传统的涨发方法，究其原理，我们试把它归纳为水渗透扩散发料法、碱溶液渗透发料法、膨松吸水发料法三大类。

一、水渗透扩散发料法

（一）基本原理

鲜活的动、植物原料体内都含有大量的水，含水量多的原料容易腐败，不易长时间储藏。为了较长时间的储藏和运输方便等原因，我们把一些适宜于脱水干制的原料加工成干料。但这些干料不能直接使用，必须补给水分尽量恢复原状后方可使用。所以用水来浸泡干料，使水沿着原来体内水分蒸发而出的通道进入干料体内，由于水的渗透扩散作用使干料体积逐渐膨润且变得软韧，基本上恢复原状，以供烹调之用。

原料在干制过程中脱水是缓慢的，所以用渗透扩散发制干料也是缓慢的，利用此法进行干料涨发时间较长。它的优点在于能保持原料中的营养成分不受破坏或少受损失，操作简便，使用面广。

（二）涨发方法

水渗透扩散涨发法，即习惯上所说的水发。它是一种最基本、最常用的发料方法，即使是用其他方法的发料，也必须经过水发的过程。

水渗透扩散涨发法，可分为冷水发和热水发两类。

1. 冷水发。把干料放在冷水中，使其自然吸收水分，尽量恢复新鲜时软、嫩的状态，这种发料方法就叫做冷水发。

干料放在冷水中，能自然吸收水分，这是由于水对其毛细管的浸润作用，加水后可以使干料不同程度地吸收，成为潮、软的原料。冷水发料的优点是操作简单易行，并能基本保持干料原有的鲜味和香味。

冷水发料的操作方法，一般有浸发和漂发两种。浸发就是把干料用冷水浸没，使其慢慢涨发。浸发的时间要根据原料的大小老嫩和松软坚硬的程度而定。硬而大的原料，浸的时间要长一点，有的还须换水再浸。嫩而小的原料浸发时间可短一点。漂发就是把干料放入冷水中，一般要用工具或手不断挤捏或使其漂动，以将原料的异味和泥沙等杂质漂洗干净。漂发须多次换水，以去掉原料中的异味与杂质。一般体小质嫩的原料，多数可以直接采用冷水发料，如香菇、口蘑、银耳、木耳等。这些原料一般用冷水浸泡 2～3 小时后即可发透。有些质地较老或带有涩味的蕈类如草菇、黄蘑等，在发透后最好漂洗几遍，但漂洗次数不宜过多，以能除去涩味而保持原料的香味为度。在冬季或急用时，可在冷水中适当加些热水，以加快涨发速度。

除上述直接发料以外，冷水浸发还常常用作其他发料方法的辅助或配合措施。质地干老、肉厚皮硬或者夹沙带骨的干料，如熊掌、鱼翅、燕窝等，在用热水发料前，要先在冷水中浸至回软后再加热。腥臊味重的原料，经过热水发料后仍不能除尽异味，或经过碱发、盐发和油发的原料，经热水洗涤后还带有碱、盐、油的成分，也要再用冷水浸泡或漂洗，以除尽异味和其他成分，如海参、鱼皮、鱼翅等，经热水发料后腥味还较大，应当再用冷水浸泡除去腥味。

2. 热水发。把干料放在热水中，用各种加热的方法促使原料加速吸收水分，成为松软嫩滑的全熟或半熟的半成品，这样的方法，叫做热水发。热水发主要是利用热的传导作用，促使干料体内分子加速运动，干料加快吸收水分。其具体的操作方法有泡发、煮发、焖发和蒸发四种。

(1) 泡发。将干料放入热水中浸泡而不再继续加热，使其慢慢泡发涨大。此法多用于形体较小、质地较嫩的干料，如银鱼、发菜和粉丝等。

(2) 煮发。把干料放入水中，加热煮沸，使之涨发。此法多用于体质坚硬。厚大而带有较重腥臊气味的干料，如鱼翅、海参、熊掌等。

(3) 焖发。实际上是煮发的后续过程。因为，用煮发的方法发料，加热必须适度、适时，既不能用急火，也不能煮的时间过长，以防原料外层皮开肉烂，而内部却仍未发透。所以，煮到一定程度时，需改用微火，或将锅端离火源，盖紧盖子使温度逐渐下降，让原料从外到里全部涨发透。熊掌、鱼翅等干料，一般是用煮发、焖发涨发透的。

(4) 蒸发。就是将干料放入盛器内用蒸汽使原料发透。凡不适用煮发、焖发的干料，或者煮焖后仍不能发透，而再继续煮焖又无法保持原料的特定形态的，均可采用此法。蒸发不但可以保持原料的特色风味和形态，如果蒸发时加上鸡鸭或调味品一起蒸，还可以增进原料的鲜美滋味。如干贝、鱼骨、哈士蟆油、鱼翅等多是采用此法蒸发的。

热水发料可以根据原料的性质，采用各种不同的水温和涨发形式，从而获得较好的发料效果。所以它是广泛应用的发料方法之一，适用于绝大部分肉类干制品及山珍海味干制品。由于这些原料的品种，性质各不相同，因此热水发料的具体操作方法也是繁简不一，一般有一次性发料和多次反复发料两种情况。

一次性发料是指只经过一次热水涨发过程就可以达到要求的发料方法。如银鱼、发菜、粉丝、干菜笋等，只要加上适量开水泡一定时间，即可发透。又如干贝、龙虾干、哈士蟆油、鲍鱼等，上笼蒸发前先用冷水浸数小时即可达到酥软的要求。蒸鲍鱼时可加鸡腿、鸡架骨同蒸，以增进美味；干贝、大虾干等加葱、姜、料酒等同蒸，可去其腥味而增加香味；蒸哈士蟆油只须加清水。

多次反复发料是指要经过几次热水涨发过程才能达到要求的发料方法。一些体质坚硬、老厚、带筋、夹沙或腥臊气味较重的原料，如鱼翅、熊掌、海参、驼蹄、干笋等，都要经过几次泡、煮、焖、蒸等热水发料过程。同时，在热水发料前后还要经过冷水浸漂。由于这些料性质不同，所以在反复用热水发的时候要灵活运用。

干制原料经过热水涨发即可成为半熟或全熟的半成品，再经过切配和烹调即可制成菜肴。因此，热水发料对菜肴质量关系甚大。如果原料涨发还不透，制成的菜肴必然僵硬难以下咽；反之，如果涨发过度，制成的菜肴就过于软烂，所以发料必须根据原料品种、大小、老嫩等情况以及烹调要求，分别运用不同的热水发料方法，并掌握好发料时间和火候，才能符合要求。

二、碱溶液渗透发料法

（一）基本原理

干料先以清水浸泡回软，再用稀碱溶液浸泡涨发，利用碱溶液的渗透作用，加快干料的松软和膨胀；同时，也可避免组织细胞因碱的浓度过高而使蛋白质变性水解，防止原料糟烂。

纯碱是一种强电解质，在水中完全电离，产生的碳酸根离子发生水解生成氢氧根离子而使溶液呈碱性。稀碱溶液中的OH能破坏蛋白质的一些付键，使蛋白质轻度变性，使体内肌肉纤维结构发生松弛，有利于碱水的渗透和扩散。而且碱能促使油脂水解，消除油脂对水分扩散的阻碍，加快了渗透和扩散的速度，碱水中的带电离子与蛋白质分子上的极性基因相结合增加了蛋白质分子的电荷，从而使蛋白质亲水性大大增强；同时吸水速度加快，体积也较大的膨润，蛋白质从干凝胶状态逐渐恢复到原来的凝胶状态，并且具有一定的弹性。

由于碱有腐蚀性和脱脂的特征，所以用碱溶液发料可以比单纯水发缩短时间，但也能使原料中的某些营养成分受到一定的损失。因此，必须很好地掌握碱溶液的浓度和发料的时间。

（二）涨发方法

碱溶液渗透发料与水发有着直接的联系，在使原料回软、膨润的过程中离不开水，用碱发好之后也同样必须用水将原料漂清，才能符合烹调、食用的要求，所以习惯把它称为特殊水发，简称碱发。碱发能使坚硬的干料质地松软和涨大，如鱿鱼、墨鱼等用碱发最为适宜。碱发有用碱面发和碱水发两种。

1. 碱面（碱粉）发。碱面发（大块碱可先制成粉末状）就是在用冷水或温水泡至回软、剞上花刀切成小块的原料上沾满碱面，涨发时再用开水冲烫，烫制成形后用清水漂洗净碱分。此方法的优点是沾有碱面的原料可存放较长的时间，涨发方便，可以用多少发多少，随用随发。

2. 碱水发。碱水发就是将干制原料放入配制好的碱溶液中，使之浸发涨大。发前一般应将干料用清水浸泡，使外层柔软，然后再放入碱水中泡发。这样可以减轻碱溶液对原料的直接腐蚀，而得到较好的效果。用碱水泡发后，须将原料用清水漂洗，清除碱液和腥味。

碱水泡发时间的长短，与碱水浓度直接有关。浓度大，发料时间短，反之则长。用碱水发料，要根据原料的老嫩和水温的高低来调制碱水的浓度。

碱水有生碱水和熟碱水两种，可区别原料的情况而选用。

1. 生碱水。将碱面500克、冷水20千克放在一起溶化搅匀，即成为2.5%的纯碱溶液。生碱水泡过的原料有滑腻的感觉。使用时还可根据需要调制成不同浓度的碱溶液。

2. 熟碱水。在4 500克开水中加入碱面500克和石灰200克搅至溶化，再加入冷水4 500克搅匀，静置，澄清，除去渣滓，即为熟碱水。其特点是水清，泡后的原料不粘滑。

三、膨松吸水发料法

烹饪原料经干制，失去了大量水分，组织细胞和细胞内部原先占有的空间缩小，组织细胞变得紧密，体积明显缩小。尤其是某些含胶质丰富、结缔组织多的动物性原料，变得坚硬、不易吸水回软，或因吸水速度过于缓慢。人们常常分两步来发制，即称膨松后吸水的方法。吸水的方法与水渗透法相同，在此不再赘述。而膨松法就是以食油或粗盐作为传热介质，把干料组织细胞内和细胞间的水分汽化，使其细胞内和细胞间的排列由紧密、干瘪变得膨胀、松脆，达到便于吸水回软的程度。

（二）膨松方法

使干料膨松的方法较多，常用的主要有油发和盐发两种。

1. 油发（油作介质膨松法）。把干货制原料放在适量的热油中，经过加热使之膨胀松脆，成为全熟的半成品，这种发料方法叫做油发。

油发的作用和水发有所不同。水发是利用水的浸润作用，使干料重新吸收水分而恢复软嫩状态。油发则是利用油的传热作用，使干货料中所含的少量水分蒸发，分子颗粒膨胀，并使原料本身所含的一部分油脂排除出去，而达到膨胀松脆的要求。这种方法一般适用于胶质丰富、结蹄组织多的干料，如蹄筋、干肉皮（皮肚）、鱼肚等。

油发的操作方法，主要是将干货制原料放在适量油的锅内炸发。炸发前要先检查一下原料是否干燥、变质。潮湿的原料应先烘干，否则不易发透；已变质或有异味的原料则不宜采用。因此原料经过油发后即为成熟原料，如有异味不易除掉。油发原料时一般用凉油或温油下锅，逐渐加热，这样容易发透；如果原料下锅时油温太高或在加热过程中火力过急，则会造成外焦而内部未发透的现象，不能涨发得恰到好处。特别是当原料涨发鼓起时，最好将锅端离火源，或用微火保持一定油温。使之里外涨发透，使原料的体积大大增加，形成膨松脆硬的油发制品。

原料已经油发膨松，但仍不便烹调食用时，必须再通过使其吸水回软才能达到涨发的目的。即要先用热碱水将油发制品泡软，脱去脂肪，再用清水漂洗净碱质，清水浸泡备用。

2. 盐发(盐作介质膨松法)。盐发是把干料放在适量的盐中加热，使之膨胀松脆而成为半成品的方法。其作用和原理与油发基本相同。一般说可以用油发的原料也都可以用盐发。

盐发的操作方法是：先将盐下锅炒热，使盐中的水分蒸发掉。待锅内发出爆炸声时，即将干料放入翻炒，边炒边焖，直至发透为止。

发好后的原料处理方法同油发原料一样。

第三节　干料涨发实例

干料品种繁多，涨发方法各有不同。多数干料须综合运用多种涨发方法，才能达到涨发目的。可见干料涨发是一个复杂并具有相当难度的加工过程。为此，本节特将常用干制原料的涨发方法作简要的介绍，以通过实例，对各种涨发方法能进一步理解和运用，掌握其常用干料的涨发技能。

一、黑、白木耳

黑、白木耳的涨发比较简单，都可以用冷水直接浸泡发透。将木耳放入盛器中注入冷水，数小时后即可发透；随即摘去根蒂，洗除杂质，换上清水泡着备用。如急用时可用温水和开水泡发，以加快涨发速度，但涨发率低于前者。一般每千克干料涨发 8～10 千克湿料。

三、冬菇（又名香菇）

先用冷水浸泡 2 小时，剪去菌根，洗净泥沙杂质，另用清水泡至全部回软，内无硬茬即可。一般每千克干料可涨发

4～5 千克湿料。

注意事项：

1. 切忌开水泡发。开水易使冬菇外皮裂纹香味流失，最好用冷水和温水泡发。

2. 泡冬菇的水营养丰富、其味鲜美，沉淀后可留做菜用，不可倒掉，发好的冬菇不要久放。

三、口蘑

把口蘑放在盆内加温水泡半小时，至初步回软，刷洗净泥沙，除掉杂质，再换温水泡至全部回软，最后再放入沉淀好的原液中泡着备用（注意事项同冬菇）。一般每千克干料可涨发 5～6 千克湿料。

四、猴头蘑

先用温水浸泡 12 小时左右，待其回软后捞出，去掉猴头蘑的朽斑和根，洗净再放入盛器中，加葱、姜、料酒、高汤，蒸至软烂为好。每千克干料可涨发 3～4 千克湿料。

另外，我国有少数地区采用油浸方法发猴头，即先把猴头泡蒸至八成熟后取出放入砂锅里，再加熟豆油或花生油，用慢火焖 5～6 小时，浸发至酥烂后即可使用。这种方法可使猴头柔软至嫩。

五、玉兰片、板笋

玉兰片、板笋是植物性干料中比较坚硬的两种，发料时间比较长、不易发透，所以在发料中要采用浸泡、煮焖等过程。

（一）玉兰片

先将玉兰片用开水泡 10 个小时，用手捏搓使其疏松；再放入冷水锅中，煮沸后改慢火保持水热而不开，焖半小时；再换开水泡 10 小时，再煮 10 分钟，取出放入淘米水中泡发 10

小时，再换开水浸泡，这时应将已发好的挑出，尚未发好的继续加热浸泡，直至全部发好为止。每千克干玉兰片可涨发5～6千克湿料。

（二）板笋

板笋又称笋干，其发料方法与玉兰片基本相同，只是板笋较玉兰片质地老硬些，在泡发时应增加浸泡时间和煮焖的次数，以发透为准。有些地区在泡至回软能切动时，用刀切成一定的形状再行发制，以缩短涨发时间。每千克干料可涨发7～8千克湿料。

发好的玉兰片和板笋以色洁白或略带微黄、质地脆嫩、无异味为好。因此涨发时应注意以下事项：

1. 最好用铝锅或不锈钢锅，以免原料变色。

2. 煮焖时不要用急火，以使涨发均匀。

3. 涨发中要勤换水，最好多用几次淘米水泡发，以达到除掉异味和保持颜色的最佳程度。

六、莲子

盛器内注入开水，依次加入碱面（每千克莲子加25克碱面）和莲子，立即用草刷戳搓刷洗莲子，待水变红时，马上再换新开水加上碱面继续戳搓刷洗，如此连续进行几次，直到全部脱皮，莲子洁白为止。然后将莲子用清水洗净，切去莲子两端的脐尖，用竹签捅去莲子芯。再将莲子放入盆内，加清水上笼用慢火蒸透为好（约25分钟左右）。一般每千克干料可涨发3～4千克湿料。

注意事项：

1. 去皮前要准备足量的开水，搓刷换水动作要快，以防莲子变色。搓刷时不要太用力，防止莲子出现裂纹和破瓣等现象。

2. 蒸发过程中，不宜蒸碎烂，要保持原形。

七、白果（又名银杏）

先将白果敲破取出果仁，再将果仁放入开水中，加入碱面（每千克白果仁加20克碱面）迅速用草刷来回搓刷，待水变色时立即换上新开水，加入碱面继续搓刷，直到去净皮为止。然后用手把去皮的白果仁挤出内芯（芯味苦有毒不能食用）洗净。再将白果仁放入盆内，加上清水蒸15分钟左右，以蒸透为好。一般每千克干料可涨发2千克左右湿料。

注意事项与莲子基本相同。

八、海带

将海带用冷水浸泡2～3天（注意换水），剪去根部，洗净泥沙和粘液，另换清水冲洗干净即可使用。也可先将海带用清水或温水泡软，入笼慢火蒸透，再用清水漂洗发料。涨发时注意不要用开水冲烫或急火焖煮，以防海带爆皮破碎，不利于烹调。每千克干海带可涨发7～8千克湿料。

九、燕窝

燕窝也叫燕菜，是高级的烹饪原料之一。其涨发可分为开水焖泡、摘毛、提质、漂洗四个步骤。①开水泡：将燕窝放入开水中泡至回软，再用清水漂洗两次。②摘毛：把泡好的燕窝细心撕成细丝放在清水中，使其漂浮，用镊子细心地摘净夹在其中的燕毛，再换清水泡着备用。③提质：所谓提质，就是将摘净毛的燕菜放入热碱水中浸泡，使其迅速涨发，以其体积约增大到原来的3倍、用手捻着有柔软嫩滑之感不发硬为宜。碱水的比例是15克燕菜用开水750克、碱面3克兑成碱溶液，烹制燕菜前，将摘净毛的燕窝从清水中捞出，放入碱水中进行提质。如果一次提不好，可另换碱水，接着提第二次。④漂洗：将提质好的燕窝再用清水漂洗两次，漂净碱分，这时即为半成品。

注意事项：

1. 提质一般是现用现提，如暂不用或有剩余时，应用洁布吸去表面水分，放置阴凉处保管。

2. 切忌用碱水长时间浸泡，否则，容易变形，影响美观和口味。

十、蹄筋

蹄筋的涨发方法很多，下面介绍几种常用涨发方法。

1. 油发。先将蹄筋用温碱水洗去表层油腻和污垢，晾干。放入凉油锅内（必须是熟油）慢火加热，蹄筋先逐渐缩小，尔后慢慢膨胀。要勤翻动，待蹄筋开始漂起并发出“叭叭”的响声时，端锅离火并继续翻动蹄筋，当油温降得较低时，再端锅上火用慢火炸，这样反复几次，俟蹄筋全部涨发饱满松脆时捞出，接着放入事先准备好的热碱水中浸泡至回软，洗去油腻杂质，摘去残肉，用清水漂洗干净，换冷水泡着备用。用油涨发蹄筋，时间短，而且涨发率高。一般每千克干料可涨发 6 千克左右湿料。

2. 水发。将蹄筋洗净，放入开水中（最好是米汤），浸泡数小时，俟蹄筋回软，再捞入盆内加上高汤、葱、姜、料酒上笼蒸至柔软无硬心时（约 2 个小时左右），即为半成品。水发的蹄筋色洁白，富于弹性，口感好，但涨发率低，不宜久存。每千克干蹄筋只能涨发 2～3 千克湿料。

3. 盐发。先用慢火把粗盐粒焙干，再放入蹄筋与盐同炒，听到有爆炸声时，改用慢火翻炒，炒焖结合，至蹄筋全部鼓起并松脆时，取出放入热碱水中浸泡回软，去掉残肉；再用清水漂洗干净即可。一般每千克干料可发 5 千克左右湿料。

4. 混合发。也称半油半水发，即用油发到一半程度再改用水发。先用油发的方法将蹄筋发到周身起泡而尚未发透时捞出，再放入冷水锅中煮，开锅后改用慢火焖煮数小时，发透为止。然后用热碱水漂洗去油腻杂质，用清水漂洗两次，泡着备用。每千克干料可涨发4～5千克湿料。

另外，牛、羊的蹄筋以及较名贵的鹿筋的涨发方法与猪蹄筋大致相同。一般采用油发和水发为多，而牛蹄筋却只适合油发，不适宜其他方法。在具体发料时，应根据各种蹄筋的性质特点灵活掌握。

十一、干肉皮（又名皮肚）

干肉皮一般采用油发和盐发。较为常用的是油发。油发肉皮和油发蹄筋要求相同，具体操作过程是：凉油投料、温油浸泡、热油发起、热碱水浸泡回软、清水漂洗干净。每千克干料可涨发4千克左右湿料。

十二、哈士蟆

哈士蟆学名牛国林蛙，主要食用其体内的“油”（即雌蛙输卵管的干制品），蛙体也可食用。涨发时应将“油”、“体”分别进行发制。

1. 将哈士蟆用水洗净，再用温水泡软，剖开雌性哈士蟆的腹部，取出哈士蟆油（另行泡发）。把去油的哈士蟆放入冷水锅中慢火煮焖几小时，待全部发透，再用温水洗干净即可使用，（发好的哈士蟆肉似蟹肉，夏天发好的多数用盐腌制一下，以便于保管）。

2. 将取出的哈士蟆油用温水浸泡2小时，使之初步回软，再摘去表面的黑筋洗净，然后装入盛器内，加上清水上笼蒸透即可。涨发后的体积为原来的4～5倍，或更大一些。

十三、鱼肚

先将鱼肚用温水洗净晾干，再把鱼肚放入100℃左右热的油锅中，慢火炸透捞出，控净油后放入温碱水中浸泡15分钟左右，然后用清水漂洗干净即为半成品。每千克干料可涨发3～4千克湿料。

鱼肚的品种多，质地差别大，泡发时应区别对待。发好后的鱼肚以色白、松软、柔糯为佳。鱼肚也可用盐发，但效果不及油发的好。

十四、海蜇

海蜇有蜇头，蜇皮之分，均用水发。具体涨发有两种方法。一种是用冷水直接发透。即先用冷水洗去泥沙，摘去血筋，再放入冷水中浸泡2～3天，每天换一次清水，使海蜇涨发到非常脆嫩时即可。另一种是用冷水浸泡1～3天，洗去泥沙，摘去血筋，根据烹制需要切成线状或片状，放入开水锅中略烫，即开锅下去，水似开非开时捞出，迅速用冷水过凉，清水泡着备用。每千克干料可涨发2～4千克湿料。

十五、鱼骨、鱼信

鱼骨是鲨鱼、鲟鱼头部软骨的干制品，因色白透明，故称"明骨"。其涨发过程是：用温水将鱼骨洗净，放入盆内，加水蒸至回软无硬质，柔糯白亮时，取出用清水浸泡备用(蒸制时间长短根据鱼骨的质地确定)。每千克干料可涨发2～4千克湿料。

鱼信是鲨鱼、鲟鱼脊骨髓的干制品。其涨发方法与鱼骨基本相同，只不过用火小些而已。每千克干料可涨发2～3千克湿料。

以上两种干料在蒸发时，火候都不宜太大，以免糜烂。

十六、鱼唇、鱼皮、裙边

这三种干料的涨发方法基本相同。先用温水泡约12小时，取出用开水烫泡半小时左右，褪净表面沙粒，去掉黑皮，洗净再用开水浸泡数小时，直至全部回软发透（也可采用蒸透的方法），捞出另换清水泡着备用。具体涨发时，应根据各种干料的特点和性质，掌握好涨发的时间。

十七、鲍鱼

鲍鱼的涨发方法一般用清水发、鸡骨汤发两种。每千克干料可涨发 2～4 千克湿料。

1. 清水发。先将鲍鱼用温水浸泡约 12 小时，刷去污垢洗净，放入盛器中加清水上笼蒸或放入冷水锅中煮焖 4～5 小时，直至回软发透，以无硬心为好。

2. 鸡骨汤发。将鲍鱼用温水浸泡 12 小时左右，刷去污垢洗净，放在砂锅或铝锅中，加上鸡腿或鸡骨、葱、姜、料酒和水，用慢火煮焖 4～5 小时或蒸 4～5 小时发透即可。然后去掉鸡骨、葱、姜，用原汤浸泡备用。

十八、干贝

将干贝洗净，除去外层老筋，放入容器中，加清水、葱、姜、料酒，蒸约 1 小时挑去葱姜，用手指能捻成丝状为好。每千克干料可涨发 2～3 千克湿料。

十九、鱿鱼

根据鱿鱼的特点和各地发料习惯的不同，通常有以下两种发料方法。每千克干料可涨发 5～6 千克湿料。

1. 碱面发。将鱿鱼用温水泡至回软，抽去软骨，摘下头及边翼（头与边翼另行发制、使用），将鱿鱼肉剞上花刀，改为小块（刀纹的密度、深度，块的大小根据需要确定）周身沾上碱面，放入盛器内（置于通风干燥处，可存入 7～15 天，若温度太高或湿度太大，有糜烂的可能，不宜久存），烹制前用开水冲烫发起，再用清水漂洗干净即可使用。

2. 碱水发。先用温水将鱿鱼浸泡 5～8 小时回软后，再放入制好的生碱水或熟碱水中，浸泡 8～12 小时即可发透，然后再用清水漂洗干净，清水泡着备用。

注意事项：在发制过程中，用碱水泡的时间不宜过长，以免腐蚀鱼体而影响质量。

二十、乌鱼蛋

将乌鱼蛋放入冷水锅中，用慢火煮 1～2 小时，或放入盛器中加水蒸 1～2 小时，透时取出，剥去外皮，用手撕成片，放入清水中浸泡备用。每千克干料可涨发 2～3 千克湿料。

二十一、熊掌

熊掌的涨发，有水发、火发两种，以水发的为佳。

1. 水发。将熊掌用冷水浸泡 2～3 天，使之初步回软，用热碱水刷洗去油腻和污垢，洗净后放入冷水锅中，用慢火煮焖 6 小时左右，以能拔掉掌毛为度。捞出煺尽掌毛，刮去掌底老茧，用清水洗净。将熊掌装入盆内，加葱、姜、料酒和鸡汤或清水，蒸至八成烂时取出，从掌背开刀去骨（一定要保持形状的完整）漂洗干净。再次放入盆内加高汤、葱、姜、料酒、花椒蒸透即可使用。如有异味可加料多蒸几次。如果将出骨后的熊掌放入砂锅中，加上母鸡、猪肘和调味料，慢火焖于酥烂后，再烹制菜肴，效果更佳。

2. 火发。此方法实际上是涨发前的去毛过程。操作时将熊掌泡至回软（鲜掌也可采用此法），洗净后用黄泥包起来，投入火中烧烤，使之外微熟，然后剥去黄泥即可将毛和黑皮一同去掉，再刮净掌底老茧，改用水发。涨发的火候应根据干料的性质，掌形大小灵活掌握。

二十二、犴鼻

犴鼻即犴达罕的鼻子，是东北四珍之一，也属我国的八珍之列。犴达罕又名驼鹿、四不像，鹿科，分布在我国东北及蒙古、俄罗斯等地。

涨发时先将犴鼻用水浸泡 12 小时，取出放入冷水锅内，慢火煮至能扯掉茸毛和黑皮，捞出除掉黑皮及茸毛，再去骨洗涤。然后装入盆内，加高汤、葱、姜、料酒上笼蒸烂即成。

二十三、驼蹄

将驼蹄用热碱水刷去油污，温水洗净，放入冷水锅中，用慢火焖煮约 6 小时，捞出去净毛和老茧，从蹄背面开刀去骨洗净。再放入冷水锅中，加葱姜料酒煮沸约 1 小时，如此煮 2～3 遍。然后放盆内加鸡汤、葱、姜、料酒、花椒，上笼蒸至发透、无异味为好。

二十四、海参

海参品种多，质地差别很大，发料方法有水发、鸡汤发、油发和火发四种，以水发为好。

1. 水发。先将海参放入干净的铝锅中，加开水浸泡 12 小时，再换水浸泡 12 小时，泡至回软后，从腹部开口，取出腔内韧带和内皮，然后洗净换水，用慢火烧开，煮 5 分钟离火，相隔 12 小时换水烧开煮 5 分钟，这样反复 4～5 次，直至发透为止。一般刺参涨发 2～3 天即可使用，而质硬肉厚个大的海参要发 4～5 天才能使用。每千克干料可涨发 5～6 千克湿料。

2. 鸡汤发。将涨发到一半程度的海参放入锅内，加上清水、葱、姜、料酒、生鸡鸭骨架，用慢火烧开后焖 4～6 小时，发透后捞出即可。保管时可将海参开口处朝下，放在竹筛上凉透。这种发料方法，涨发率低，质量高，适宜当天用当天发。每千克干料可涨发 3～4 千克湿料。

3. 油发。先将海参用温水洗净，晾干。然后放入温油锅内慢火加热，待油温升高听到叭叭的响声时，端锅离火并且不停地翻动海参，待油冷却时，再上火慢炸，直至炸透。捞出控净余油，放入热碱水中去掉油腻，再用清水漂去碱分，换清水浸泡备用。用这种方法发制的海参，时间短，涨发力强，但无韧性，口感不佳。

4. 火发。对于一些上皮坚硬，肉质较厚的大乌参、岩参等，先用水发，不能发透，所以应将海参放入火中将外皮烧焦刮去，刮至见到紫褐色的肉质为止；然后改为水发，其涨发过程与一般水发基本相同，只不过应适当增加煮泡时间，以发透为度。

注意事项：

1. 采用一般水发方法发海参时，使用的盛器和水中，都不可沾有油、碱、盐和杂质。油、碱易使海参腐烂溶化；盐能使海参不易发透。

2. 水发时，每次加热都要换清水。

3. 在发料的过程中要注意检查，既要防止发不透，又要防止过于软烂。

4. 开腹取肠时，要保持海参原形状。

二十五、鱼翅

鱼翅发制程序较为复杂，对任何一个环节处理不当，都会直接影响发料的质量。所以在发制过程中应分质地老嫩，厚薄大小，分别掌握火候，通常有以下两种处理方法：

1. 质地坚硬，翅板厚大，皮苍老的鱼翅，沙粒很难褪除。其发料过程是：剪边、浸泡、煮沸、浸泡、褪沙、切根分类、焖制、去骨除腐肉、焖制、漂洗等。

具体发法是：先剪去鱼翅边梢，然后用开水泡 8～10 小时，放入开水锅中煮 1 小时，开水焖至表层沙粒发软时，将沙粒刮洗干净，切去部分翅根，按质分类，分别放入冷入锅内烧开，焖 5～6 小时，以能去掉骨为度，剔去骨头和腐肉，但要保持原形不散，然后再煮焖至全部发透时取出，用清水漂洗干净即为半成品。

2. 质嫩薄小的鱼翅，沙粒相对来说较易褪除。其发料过程是：剪边、开水浸泡、褪沙、切根分质装篮、焖制、去骨除腐肉、浸泡、漂洗等。

具体发法是：先将鱼翅剪去边梢，放入开水盆内浸泡数小时，泡至能褪掉沙粒时，刮去沙粒洗净，按硬软分质装入竹篮，放入冷水锅内烧开，焖 3～4 小时，稍凉时除掉骨和腐肉，再用开水浸泡，直至全部发透，用清水洗净即为半成品。

此外，当发制到褪沙切根后还可以采取蒸发的方法。做法是将鱼翅放入盆内，加清水、葱、姜、料酒、花椒入笼蒸 1 小时，去掉翅骨和腐肉，洗净后再换水和调味品蒸 1 小时左右，凉透后再蒸 1 小时左右，如此反复几次，直至发透为止。

注意事项：

1. 发鱼翅忌用铁器，以免被氧化，出现黄色斑点。

2. 发好的鱼翅在水中不宜浸泡过久，否则易发臭变质。

3. 应根据鱼翅的大小、老嫩，灵活掌握涨发的火候。

思　考　题

1. 什么叫干料涨发？发料的主要目的是什么？

2. 做好干料涨发工作必须具备哪些知识？

3. 干料涨发的主要方法有哪些？最基本最常用的方法有哪几种？

4. 简要说明每种发料方法的基本原理和操作过程。

5. 叙述油发蹄筋、水发海参和玉兰片、鱼翅、燕窝、干鱿鱼的涨发过程及注意事项。

第五章 配 菜

第一节 配菜的重要性

一、配菜的一般类型

配菜是紧接刀工的一道工序，与刀工有着密切的连带关系，因此，人们往往把刀工和配菜连在一起，总称“切配”。在饮食业中，大多由同一厨师负责掌握。虽然配菜与刀工的关系极为密切，但配菜并不属于刀工的工序范围，而是一道独立的工序。配菜是指单只菜肴的原料组合和整桌筵席菜肴的组合。

配菜包括的范围很广，但归纳起来有以下几种类型：一种是单只菜肴的配菜，包括热菜的配菜和冷菜的配菜。一种是整桌筵席（包括套菜）菜肴的配菜。各单只菜肴之间的操作程序要求和范围不同。整桌筵席菜肴的配菜是在单只菜肴配菜的基础上发展起来的，是配菜的最高形式，包括的范围相当广泛。我们将单独分节命名为“宴席配菜”，另作详细讲述。制作单只热菜的程序依次是：初步加工、刀工、配菜、烹调、上桌。配菜只是其中的一个环节，配好的菜必须经过烹调才能食用。而制作冷菜的整个程序一般是：烹调、刀工、配菜、上桌。配菜乃是制作的最后环节，配好的菜即可上桌食用。因此，冷菜的配菜无论在色和形的配合方法，清洁卫生方面，都比热菜的配菜要求高得多，讲究得多。关于冷菜的配菜将在第六章中讲述。这里重点讲述单只热菜的配菜。为了叙述上的方便，适应同行们的习惯，把现在讲的这一类型称为“配菜”。

配菜又称配料，就是根据菜肴的质量要求，把加工成形的数种原料适当地配合，使其可烹制出一只完整的菜肴的原料。配菜实际上是使菜肴具有一定的质量形态的设计过程。要做好配菜工作，既要精通刀工、熟悉烹调方法，又要懂得各种原料的性质、用途和主辅料在质量、色泽、形状上的配合原则，同时对营养卫生和美术工艺也需具备必要的知识。

二、配菜的重要性

配菜是菜肴烹调前的一道重要工序。它纵然不能使原料发生物理变化和化学变化，可是通过各种原料之间恰当而巧妙的搭配，能够对菜肴的色、香、味、形以及成本产生直接的影响。配菜的重要性在于：

（一）确定菜肴的质和量

菜肴的质，是指一个菜肴构成的内容，即各种原料的配合比例。而菜肴的量，则指一个菜肴中所包含的各种原料的数量，也就是一个菜肴的单位定量。这两者都是通过配菜确定下来的。固然原料本身的精与粗，烹调技术的好与坏，也都是决定菜肴的重要因素，但在配菜的过程中，掌握好用料分量和各种原料的配合比例，却是确定菜肴质量的一个重要的先决条件。如果用料分量和配合比例掌握失当，即使烹调技术再高也不能改变这个菜肴的构成内容。所以，在某种意义上说，配菜乃是确定菜肴质量的决定因素。

（二）使菜肴色、香、味、形基本确定

一种原料的形态，当然依靠刀工来确定，但是整个菜肴的形态，却依靠配菜来确定。配菜时，必须根据美观的要求，

将各种相同形状或不同形状的原料适当地配合在一起，使之成为一个完美的整体。如果配合不协调，不恰当，即使刀工很精细，整个菜肴仍达不到美观的要求。菜肴的色、香、味，虽然要经过加热和调味才能显示出来，不能在配菜中直接体现，但各种原料本身，却各有其特定的色泽、香气和口味，把几种不同的原料配合在一起，又能使它们之间的色、香、味相互掺和，相互补充，只有配合得好，整个菜肴的色、香、味才能恰到好处。如果配合不好，各种原料的色、香、味不仅不能互相补充，反而互相排斥，相互掩盖，整个菜肴的色、香、味就会遭到破坏。由此可见，配菜乃是确定整个菜肴色、香、味、形的重要因素。

（三）确定菜肴的营养价值

不同的原料，所含的营养成分是不同的。在一种原料中，各种营养素的含量也有多有少。可是，人体对营养素的需要是多方面的，某一种营养过多或过少都没好处。所以，在菜肴中，营养素的配合应力求合理而全面。而配合得好坏，要依靠配菜来确定。例如，肉类中含有较多的蛋白质和脂肪，但却缺乏维生素；叶菜中含有较多的维生素，但缺乏蛋白质和脂肪。如果把它们配合在一只菜肴中，各种营养成分就能相互补充，从而提高菜肴营养价值。又如杏仁、白果等含有一定毒素的原料，配菜时必须恰当地掌握分量，以免发生中毒事故。至于在一席菜中，菜肴之间营养成分的调剂，也靠配菜来决定。因此，菜肴的营养价值在很大程度上是由配菜来确定的。

（四）确定菜肴的成本

配菜时原料的精细，用量的多少，直接影响菜肴的成本。如果配菜时用料分量不准确，精料和粗料的配合比例不适当·

结果不是影响菜肴的质量，使消费者吃亏，就是提高了菜肴的成本，使企业遭受损失。所以，配菜是掌握菜肴成本，加强经济核算的重要环节。

（五）使菜肴的形态多样化

刀工的变化，烹调方法的不同运用，是使菜肴多样化的一个方面，但是通过配菜，将各种原料进行巧妙的组合，就可以构成形态不同的菜肴，就可创造出新的品种。

三、配菜的基本要求

配菜在整个菜肴制作过程中所占的地位非常重要，涉及面也很广。要做好这项工作，必须既熟悉有关业务，又通晓有关知识。具体要求如下。

（一）熟悉和了解原料的情况

不同的菜肴是由不同的原料配合构成的，所以配菜工作必须掌握原料的有关知识。这些知识主要包括：

1. 熟悉原料的性能。不同原料的性能是不同的，如有的是韧性，有的是脆性，有的是软性等。由于性能的不同，在烹调过程中所发生的变化也各有不同，配菜时就必须使它们之间配合得适当，完全适用于所用的烹调方法。即使是同一种原料，其性质也因季节的变化而有差异。例如，鲥鱼在立夏至端午期间特别肥美，过期则质老味差。还有些体积较大的原料如猪、牛、羊、鸡、鸭等，身体上各个部位的肌肉性质也不同，有的部位质地嫩而结缔组织少，有的部位质地老而结缔组织多，不能混用，否则影响菜肴质量。因此，配菜人员必须熟悉原料性能、时令变化、分档取料等知识，才能把工作做好。

2. 了解市场供应情况。市场上原料的供应不是一成不变的，而是随着生产季节、采购及运输情况的变化而变化。配菜人员对此有所了解，才能结合市场的供应情况，充分利用市场上供应充沛的品种，适当压缩市场上供应紧张的品种，并利用代用品制造出新的菜肴品种。

3. 了解企业的备货情况。配菜人员对企业的备货情况必须心中有数，才能确定供应的菜肴品种，并及时向企业提出建议，使企业中的备货既不能积压，也不致出现供不应求的情况。

（二）熟悉菜肴的名称及制作特点

我国的菜肴品种繁多，各地区都有各自特殊风味的菜，各店也有各店的特色菜，从而形成各自特有的风格。这些菜肴不但有各自的名称和制作方法，还有一定的用料标准、刀工形态和烹调方法。因此，配菜人员必须对本菜系和本企业的菜肴名称及制作特点了如指掌，一接触菜肴的名称即可熟练地进行配菜，使配出来的菜肴完全符合本菜系和本企业特有的风味。不仅如此，对同地区中其他企业以及其他菜系的菜肴名称和特色也应有大概的了解，才能在配菜中有所比较，突出特点，进而取长补短，创造出更好的新的菜肴品种。

（三）既精通刀工又了解烹调

热菜的配菜介乎刀工和烹调两道工序之间，它是刀工的继续，又是烹调的前提。所以，配菜是联系刀工和烹调的纽带。特别是它与刀工更是密切不可分割的一个整体。可以说，不精通刀工，就不能做好配菜工作。同时，一个配菜人员还必须懂得不同火候和调味对原料的影响，以及各种烹调方法的特点等。只有在充分了解了这些变化与特点的基础上，才能很好地掌握配菜的关键，使配制出来的菜肴符合要求。

（四）掌握菜肴的质量标准及净料成本

每个菜肴都有一定的质量标准，配菜人员必须认真地把好这个质量关。为此，配菜人员必须掌握菜肴所用净料的质量及其成本，有些菜只用单一的原料，有些菜中包含主料和配料，还有些菜肴中包含着不分主次的多种原料，配菜人员必须将各种原料以适当比例进行搭配，以确定菜肴的质和量。关于菜肴所需原料数量，习惯上都是以盛器的大小来衡量。例如直径约 30 厘米（9 寸）的盘子，按 350 克左右的定量来配菜；直径约 23 厘米（7 寸）的盘子按 250 克、直径约 17 厘米（5 寸）的盘子按 200 克定量来配菜，等等。当然这也不是绝对的。此外，配菜人员还必须了解每种原料的成本，以及这个菜的出售价格，从而准确掌握每个菜肴的规格质量和成本毛利。要注意以下几点：

1. 熟悉和掌握每种原料从毛料到净料的损耗率或者净料率。

2. 确定构成每个菜肴的主料、辅料的质量、数量和成本。

3. 根据企业所规定的毛利幅度，确定每个菜肴的毛利率和售价。

4. 制定每个菜肴规格质量成本单。内容包括：（1）菜肴的名称；（2）主料、辅料、调料的名称、重量及其成本；（3）产品的总重量和总成本；（4）毛利率；（5）售价。

5. 必须将主辅料分别放置。一个菜肴往往包含着多种主、辅料，在配制时应将各种原料分别放置在盘中，不能相互混在一起。因为烹调时有些原料要先下锅，有些原料要后下锅，否则下锅时无法分开，会造成生熟不均的现象，严重影响菜肴质量。

6. 必须注意营养成分的配合。菜肴中所含的营养成分，也是衡量质量的一个主要方面。中国菜肴中原料的搭配，一般是符合营养原则的，但也有某些菜肴在配菜时对营养成分的相互配合和相互补充注意不够，作为一个厨师必须懂得有关烹饪原料和营养卫生知识，在配菜时考虑到各种营养成分的合理配合，力求使人体易于消化吸收。

烹饪的目的，归根结底是为了人们能够更多更好地从食物中摄取营养，促进人们身体健康。因此，在配菜时对每一个菜肴的各种原料营养搭配，应当给予足够的重视。

7. 必须具有审美感。配菜人员还必须具有美学知识，懂得构图和色彩的某些原理，以便在配菜时使各种原料在形态、色彩上彼此协调，增强菜肴的艺术感。

8. 必须能够推陈出新，创造新的品种。配菜人员应当不仅能够配已经定形的传统菜肴，还应当不拘陈规，根据原料、刀工和烹调方法的特点，随着市场货源变化，灵活运用，创造出更多的品种，设计出营养成分更全面，色、香、味、形更好、更新颖的菜肴，以满足广大群众的需要。

第二节　配菜的原则和方法

一、配菜的一般原则

配菜的好坏，关键是各种原料的搭配是否得当，主要是主料和辅料的搭配是否得当。所谓主料，是指在菜肴中做为主要成分、占主导地位、起突出作用的原料。辅料是指配合、辅佐、衬托和点缀主料的原料。下面介绍配菜的一般原则。

（一）量的配合

一份菜肴的数量即按一定比例配置的各种原料的总量，也就是一份菜肴的单位定额。每一份菜肴都有一定数量的定额，它通常用各种不同规格盛器的容量来衡量确定。配菜时，首先取出适应某一菜肴所要求定额的盛器，然后将组成此菜所需搭配的净料，按照规定的比例分别放置于盛器中。关于主料、辅料的比例，根据不同的菜肴，大致可归纳为以下三种类型：

1. 以一种原料为主料。主料多于辅料，突出主料。例如在炒肉丝中，肉丝的量就应多于其他辅料的量。

2. 主料是由几种原料组成。这几种原料的用量应基本相等。如爆三样、烧二冬等。

3. 由单一原料构成的菜肴。只要按照一份菜肴的单位定额配菜。

（二）色的配合

主、辅料在颜色上的配合，一般也是辅料衬托主料。通常采用的配色方法有：

1. 顺色。即主、辅料都取用一种颜色。如糟熘三白，一般是用鸡片、鱼片、笋片配成，这三种原料烹调后都保持其固有的白色，看起来很清爽。

2. 花色。也就是主料辅料取不同的颜色。这种配法较普遍，如芙蓉鸡片，主料所用的鸡片是白色的，配以绿色的菜心、红的火腿之类的辅料加以衬托，就显得鲜艳而和谐。又如在炒虾仁中配以青豆，其结果是白绿相间，把虾仁烘托得更为突出悦目。

（三）香和味的配合

菜肴的香和味，虽然经过加热和调味以后才能表现出来，但大多数原料本身就具有特定的香和味，并不单纯依靠调味。因此，做为一个配菜人员只有既了解原料未成熟前的香和味，又要知道制成后香味的变化，才能在配菜时很好地掌握。香和味的配合方法大致可归纳为以下几种类型：

1. 以主料的香味为主，辅料衬托主料的香味，使主料的香味更为突出。这在一般配菜中是较为普遍的。例如新鲜的鸡、鱼、虾、肉、蟹等，味鲜香而纯正。配菜时应注意保持其固有的香味，可配以笋、茭白之类，增加其鲜香。

2. 以辅料的香味补主料的不足。有些主料本身香和味较淡，可用香味较浓的辅料弥补之。例如鱼翅、海参等原料，经过水发除去腥味后，本身已没有什么滋味，就需要用鸡肉、火腿、猪肉、高汤等做辅料以增加鲜香。

3. 主料的香味过浓或者过于油腻。应配用香味清淡的辅料适当调和冲淡，使制成的菜肴味道适中。有些动物性原料与适量蔬菜一起烹制，其味更为鲜香，就是这个缘故。

（四）形的配合

原料形状的配合，不仅关系到菜肴的外观，而且直接影响到烹调和关系到菜肴的质量，是配菜的一个重要环节。形的配合一般原则是辅料适应主料的形状，衬托主料的形状，突出主料。例如主料是块形，辅料也应当是块形；主料是片形，辅料也应当是片形。即所谓"块配块"、"片配片"、"丁配丁"、"丝配丝"。但不论是何种形状，辅料都应当小于主料。但在有些情况下，主辅料在形的配合上也要顺其自然。例如有些经过花刀处理的主料，加热后可形成球形、扇形、花形等，而辅料一般不能加工成类似形状，那就要灵活处理。

（五）质的配合

在一份菜肴中，主、辅料在质地上的配合也很重要。除应考虑原料的性质以外，更重要的是要适应烹调方法的要求。

有些菜肴，辅料与主料的质地相同，所谓"脆配脆"、"软配软"。即主料的性质是脆性的，辅料的质地也应是脆性的；主料是软的，辅料也应是软的。例如爆双脆所用的原料是鸡肫配以猪肚头（这两种原料都是辅料），质地都是脆的；

熘鱼片的主料是软嫩的，则可配较嫩的菜心作辅料。在这些菜肴中，如果主料与辅料搭配不当，就会影响菜肴的特色。

有些菜肴，辅料与主料的质地并不要求相同，常见的如肉丝炒竹笋，其中，肉丝是比较软的，而笋丝就比较脆嫩，但两者搭配在一起，只要火候与调味掌握得当，烹制成的菜肴是很受欢迎的。在以炖、焖、烧、扒等长时间加热的烹调方法制作菜肴中，主辅料软硬相配的情况就更多了，但可以通过投料先后和火候的适当，而使之软硬恰到好处。

（六）营养成分的配合

菜肴中所含的营养成分的多少是否有利于消化吸收，也是配菜时要考虑的。不同的原料所含的营养成分不一样，也就需要在配菜时将不同的原料进行适当地配合。厨师必须掌握各种原料所含的营养成分、性能和特点，以便在实践中合理运用，从而使食者得到必要的营养，增进其健康。

二、配菜的基本方法

配菜的基本方法可以分为配一般菜和配花色菜两类。一般菜比较朴实；花色菜偏重技巧，对色和形特别讲究。现将配这两类菜的基本方法分述如下。

（一）配一般菜

按配菜时所用的原料多少来分，可分为：配单一原料，配主辅料，配不分主次的多种料三大类。

1. 配单一原料的菜。所谓配单一原料，就是指这份菜只有一种原料构成。一般来说绝大部分的菜肴的用料都可以用单一原料。由于原料只有一种，配菜方法当然简单。配菜时要注意两点：

（1）必须突出原料的优点，避免原料的缺点。因为我们吃以单一原料所做的菜，主要是吃这一原料特有的美味，所以一定要把这一原料的优点突出出来。这就需要在选料、初步加工、刀工和烹调各个方面多加注意。用作单一料的各种热菜原料，必须选其鲜嫩部分，例如清蒸白鳞鱼，主要吃其肥美，所以不可去鱼鳞。又如鱼翅、熊掌等，因本身缺乏鲜味，作单一料时必须加一些鸡鸭肉等同烧，以吸取其鲜美的滋味。烧好后再去掉鸡、鸭、肉，仍作单一原料菜肴上席。

(2)具有某些特殊浓厚滋味的原料，不宜单独制成菜肴。如辣椒、大蒜等，如不配合其他原料，则辛辣味太重，不宜食用。

属于单一原料制成的菜肴，在菜名上往往加上一个“清”字。如清炒虾仁、清蒸甲鱼等。这类菜肴有时也可以配少许点缀料，而不需配辅料。

2. 配主、辅料兼有的菜。这是除用主料外，还配有一定数量的辅助原料的菜。搭配辅料是为了烘托、突出主料，同时起互相补充作用。例如过油肉、香糟扣肉等，所用主料含有很多脂肪，搭配一些蔬菜，可使主料的口味肥而不腻，色泽也更加鲜明。又如葱头猪排，在主料猪排以外，配一些葱头，有助于增加主料的香味。辅助原料也可以补主要原料营养成分的不足。

总之，凡原料有主有辅的菜肴，必须突出主料，不可喧宾夺主。主料大多用动物性原料，辅料大都用植物性原料。当然也有例外。例如八宝豆腐，就是以植物性原料豆腐作主料，鸡肉、火腿、虾仁、干贝等动物性原料为辅料；瓤王瓜以黄瓜为主料，猪肉、鸡蛋等为辅料。

3. 配有多种不分主次原料的菜。这是指配有两种或两种以上属于平等地位的原料所构成的菜。各种原料不分主辅，数量也大致相等，但也不是绝对平均，有时各种原料的用量也可略有多寡，以平衡口味。各种原料在色、香、味、形方面的配合要适当。这类菜肴的名称往往有“双”、“二”、“三”、“四”等数字，如汤爆双脆、扒二白、爆三丁、烧四丝等。

（二）配花色菜

花色菜是指在色形方面特别讲究，富于艺术性的一类菜肴。这种菜肴在刀工和配菜方面非常细致，要求有较高的艺术性，使之造型美观，色泽悦目，口味鲜美，营养丰富。

1. 配花色菜应注意的问题。配花色菜应注意：(1) 选料精，利于造型；(2) 色、香、形和谐统一，菜的名称形象优雅、引人联想；(3) 菜肴图案或形态优美大方，引人喜爱；(4) 适当运用食品雕刻技艺，手法纯熟精湛，突出菜肴的形态美。

2. 配花色菜的常用方法。主要有以下六点：

(1) 叠。叠是把不同颜色原料间隔地相叠成相同的片状，中间涂一层加工成糊状或茸泥的粘性原料，使其粘在一起，成为具有数种颜色的块或其他各种形态。如锅贴鱼，即是将鱼肉、火腿、肥肉膘、咸菜叶等都切成同样大小的长方片，再整齐、相间地叠在一起，中间涂上已调好的虾茸使其粘合而成。

(2) 穿。穿是将整个或部分出骨原料（如鸡、鸭等），在空隙处嵌入其他原料。如银针穿风衣，是把熟鸡翅膀齐骱骨处剁去两头，抽出翅骨，在出骨的空隙，用火腿、鱼翅针和菜心丝穿进去，使三种颜色相间突显出来。

(3) 镶。镶是以一种原料为主，中间镶嵌其他原料的一种方法。如镶青椒、八宝镶蟹合等。

(4) 扣。扣有两种方法：一种是把原料整齐地摆在碗内，然后整齐地覆扣在盛器内；另一种是把两种不同原料套扣在一起，做成麻花形，如把响螺肉和鸡肉切成同样大小的长方片状，两片相叠，在中间划一刀，把一端从刀缝中穿过，翻转成麻花样，入油炸后，鸡片即卷缩在响螺肉里面，此菜名叫风入罗帏。用这种方法，还可以把两种不同色彩和不同性质的原料加工成较大的长方片叠合，中间加入各种颜色，将各种形状（如条、丝、末、块、茸、片等）的原料，卷成长圆形卷，两头可做成各种美丽的形状。如银针鸡卷、鸡椒、菊隐松江、羊吞鸭卷，都是用这种方法制作的。

（5）扎。扎又称捆，是将主要原料加工成条或片，再用黄花菜、海带、干菜丝等将主料一束一束地捆扎起来，如柴把鸭掌、柴把鸡等。

（6）包。包是把整只或加工成丁、条、丝、片、块、茸、末等形状的原料，用玻璃纸、豆腐皮、荷叶、粉皮、蛋皮、油皮等包成各种形状，如纸包鸡、素八宝鸡、素明虾等。

第三节　菜肴的命名

一、菜肴命名的一般原则

前面已经讲到，一个配菜人员必须熟悉菜肴的名称，见到菜肴就知道配什么原料。还能创造出新的品种，并能命以恰当的名称，使人一看便知菜肴的内容、风味等，便于人们选择、制作，给人以艺术美的享受。一般原则是：（1）力求名实相符，使菜名充分体现菜的特色或全貌。（2）力求雅致得体，不可牵强附会，滥用词藻。

二、菜肴命名的类型

根据我国已有菜肴名称分析，菜肴命名的方法，一般可以归纳为以下几种类型：

1. 烹调方法加上主料作菜名。如油爆海螺、炸里脊、清蒸加吉鱼等。这种类型的命名方法最为普遍，使人一见菜名就了解菜肴的全貌，对一些烹调方法具有特色的菜肴更为适宜。

2. 调味品或调味方法加上主料作菜名。如糖醋鲤鱼、咖喱牛肉、麻辣肉丝、番茄鱼片等。它重点突出了菜肴的口味，对一些调味有特色的菜肴尤为适宜。

3. 色或形加上主料作菜名。如金银大虾、蝴蝶海参、柳叶鸽蛋、松鼠鱼等。这种命名方法反映出菜肴的某一突出特点。

4. 某一突出的辅料加上主料作菜名。如元葱板鱼、荠菜黄鱼卷、面包虾仁、椿头豆腐、辣子鸡等。这种类型的命名方法突出地反映了菜肴用料上的特点，对那些辅料口味有特色的菜肴更为适宜。

5. 以烹调方法和原料的某一方面的特征作菜名。如汆生肚片、拔丝金枣、糟熘二白、炒四丝、清炸菊花鱼等。这种命名方法突出了烹调方法以及菜肴的色泽、形态等方面的特点，有的菜肴虽不具体标明所用原料的名称，但能使人对所用原料的性质一目了然。

6. 在主料前加上人名或地名。如东坡肉、德州扒鸡、麻婆豆腐、山东蒸丸、镇江肴肉、东安子鸡等。这类命名方法可以说明菜肴的起源、出处，适用于有烹调地方色彩的菜肴。

7. 把所用主辅料及烹调方法全部在名称中反映出来。如虾仔烧白菜、麻酱拌海参、芦笋扒鲍鱼、黄瓜炒肉片、蚕豆炒虾仁等。这类命名方法很普遍，为一般菜肴所常见，可以从菜名中看出此菜的用料和烹调方法。

8. 特殊的盛器加上用料为菜名。如铁锅蛋、什锦火锅、三鲜火锅、羊肉涮锅、砂锅豆腐等。这类方法主要适宜于使用特殊的盛器或烹具。

9. 单纯以寓意命名。这种命名方法主要适宜于一些特殊意境下的特殊菜肴的命名,从而指出或暗示某一意向和内涵。如佛跳墙、红娘自配、雪里埋炭等菜肴。用此法命名要特别注意确切自然，不可生搬硬套，牵强附会，使人难以理解。

菜肴的命名方法，不仅限于以上几种，还可以在熟悉菜肴用料、烹调方法以及色香味形等方面的基础上，抓住重点、突出特点，给菜肴一个名副其实的名称。

三、菜肴命名的一般规律

菜肴的命名没有统一的规定，但有一定的规律可循。一般可以从两个方面着手：

1. 先创造出品种再命名。可根据菜肴所用原料及其口味、形态、色泽、烹调方法等方面的特点来确定菜肴的名称，尽可能使菜肴的名称和菜肴的内容相符，使菜名能基本上概括菜名的构成内容或突出菜肴的特征。

2. 先构思菜名，再根据菜名来创造品种。就是先想好一个雅致的名称，然后再根据名称来配料、配色、造型和调味，使制成的菜肴与名称相符。这种方法使用较少，主要用于某些特殊的，在特定的条件下能突出某一方面特征的方法。

第四节　宴席配菜

一、宴席配菜的意义

宴席配菜是根据设宴的要求，选择多种单只菜点进行搭配、组合，使其构成具有一定规格质量的一整套菜点的设计、编排过程。宴席的配菜是一项综合性的工程，配菜人员必须有全面的烹饪知识，对每一个菜点的构成和特点了如指掌，同时还要具备一定服务知识和成本核算知识等。

宴席最初是从祭祀的基础上发展演变而来的。在上古时代就已经有了这种多人聚餐的宴饮方式，只是格式比较单调，内容比较简单，菜点搭配不太讲究。随着烹饪技术的不断发展，逐步发展为形式多样、内容丰富、规格高低有别的、适用于不同范围和要求的多种类型。经验告诉我们，这些多样变化的宴席形式，主要是依靠配菜来实现的，所以，配菜是确定宴席形式、规格、内容、质量的重要因素。

二、宴席配菜的类型

宴席配菜的类型很多，不同的历史时期，不同的菜系，不同的风俗习惯等各有差异。纵观宴席配菜的演变，大体有两个不同的过程：清末以前是由简趋繁的过程，宴席中菜肴的只数逐渐增加，但每只菜肴的分量逐渐减少；辛亥革命以后，是由繁趋简的过程，宴席中菜肴的只数逐渐减少，而每只菜肴的分量有所增加。在这些变化中，格式、内容相当复杂，各地均有不同。

较早时期的饭馆、酒楼所经营的宴席配备，常见的有两种格式：一种是四冷荤，四大件，八大碗，八小碗共 24 只菜；一种是两海碗，两宾碟，六大菜等。到了清朝末年，宴席最为风行，宫廷中最高的“满汉全席”，菜肴达 108 种，构成内容非常丰富而复杂。到了民国初期，出现了类似“满汉全席”格式的“大汉全席”等。各地酒菜馆所经营的格式均不相同，有 36 只菜点的，也有 60 余种菜点的，多少不一。一桌宴席有分午、晚间两次分食的，也有分早、午、晚、夜四次分食的等多种规格。

现在的宴席有了很大的变化，形式多样，规格高、中、低不等。菜点 12～20 只不一，并根据不同的需求，产生了很多种类型。归纳起来，大致可分为三种：

（一）酒会席

酒会席是由西餐酒会的形式演变而来的。具有形式自由、气氛活泼、食饮随便之特点。菜肴以冷菜为主，热菜、点心、水果为辅。配菜时，就必须按照这种宴席的特点，重点配备口味多变、便于客人随意取食的菜肴品种，并根据客人的不同层次，配备一定数量的地方小吃等。

（二）宴会席

宴会席是我国正宗的宴席形式。其特点是气氛隆重、形式典雅、内容丰富，并有固定的席位。以热菜为主，冷菜、点心、水果、饭菜配套成龙，而且有严格的上菜程序。配菜时就必须根据不同档次宴席特点，突出重点，兼顾其他，菜点搭配合理。

（三）便餐席

便餐席主要用于一般的聚餐，它的特点是不拘形式，内容灵活。配菜时主要根据宾客的爱好，选择几只时令的或具地方特色的菜点，而不拘于正规宴席的形式，饮食业经营的“套菜”就属于这一类型。

以上按照宴席的形式简单介绍了三种类型，但在具体的宴席中，名称往往用热菜的第一道菜的主料来命名。如燕翅席、燕窝席、鱼翅席、海参席等。

三、宴席配菜的基本要求

宴席配菜，要求比较严格，基本要求有以下几点：

（一）熟悉宴席规格的上菜要求

所谓宴席的规格通常是根据选料、加工的精细程度和价格的高低来确定的。规格高的宴席，菜肴的只数相对充裕，选料精细，刀工和烹调都比较讲究，台面摆设、服务要求和店堂设施都比较高。配菜时就要根据规格的高低，恰当选料，精细加工。而不同规格的宴席也有不同的上菜要求，不同用途或不同地区的宴席，上菜要求也不同。配菜时要根据价格的高低，具体选择用料的品种，精粗程度，确定菜肴的只数和分量。同时按上菜的要求排列好具体菜肴的上菜顺序。

（二）掌握好整桌宴席的只数和每只的分量

一桌宴席菜肴只数的多少，没有统一的规定，它受价格、人数、分量、风俗习惯等因素的制约。具体菜肴只数的确定，在价格允许的范围内，在保证企业不亏损、客户不吃亏、总分量有所保证的前提下，征求客户意见之后，在12～20之间灵活掌握。如果菜肴只数安排较多，单只菜肴的分量就要相应减少。如果只数少，单只菜肴的分量就要相应增加。同时，还要考虑到用料的粗、精、主辅料的搭配比例等因素。

（三）注意菜肴色香味形质的配合及季节变化

每只菜肴均有其色香味形质诸方面的固有属性。由于用料、形状、烹调方法的不同，其属性也不相同，在宴席配菜时就要综合考虑，仔细选择，注意菜肴之间的相互配合与影响。属性相同或相近的不能连续上席，最好不要重复使用，在特定的情况下必须间隔上席。尽量做到一菜一格，百菜百味，错落有致，使整桌宴席的内容搭配和谐，口味多样，形态各异，软硬兼备，干湿协调，咸甜分明，给食用者留下良好的印象。

不同的季节，人们对饮食的要求不尽相同，尤其是色和味的方面。在配菜时一定要注意季节的变化。所谓冬厚、夏薄；春酸、夏苦、秋辣、冬咸，依时令不同而异。

（四）注意宴席菜肴的美化

为了使整个宴席丰富多彩，不仅要注意菜肴口味的多样化，还要注意菜肴的图案美和色彩美。为此目的，可配置如孔雀、凤凰、蝴蝶、雄鹰、花篮等各种花色冷盘。热菜可制成松鼠、菊花、龙眼、葡萄、绿球、龙凤等象征性的艺术菜，或者制作些热菜双拼。也可将配料加工成柳叶形、佛手形、蝴蝶形、兰花形、兔形等来点缀衬托，增加菜肴的美观。规格高的宴席可摆设各种食品雕刻物，如花、鸟、禽、兽、楼台、亭阁，也可摆设花坛，能够表现整桌宴席的艺术性。但一定要注意恰当、适度和卫生。突出菜点的食用性，以“吃”为主，通过“看”引起人们的食欲。做到点缀衬托花样，突出菜点这一主体内容，防止堆砌点缀物，造成喧宾夺主的局面，使食用者望而生叹。

（五）制定宴席菜单和进行成本核算

制定宴席菜单，是宴席配菜的前提和依据。它对宴席的完整程序有着决定性的作用。应当根据主办者的意图和要求、宴席的规格水平、民族特点、市场的供应、厨师的技术力量和本单位的设备条件等来设计。并根据宴席的规格要求与毛利幅度对每个菜点与整个宴度的成本进行认真细致的核算。这个菜单的内容是为不同的宴席开列出每个菜点的名称、用料、重量、成本、售价和上菜程序。

四、宴席配菜常识

这里主要从宴席菜的内容，各类菜肴的比例关系和上菜程序等方面加以叙述。

（一）宴席菜的内容

一般宴席中有冷菜、热炒菜、大件菜、甜菜、点心五项主要内容及水果、饭菜等。

1. 冷菜。亦称冷盘、冷荤、拼盘。用于宴席的冷菜有四单盘、四双拼、二单二双拼、四三拼、二双二三拼，也有的只用一只什锦拼盘，也有的用一只花色拼盘再配上四个或六个或八个圆碟（小盘）的。

2. 热炒菜。亦称小炒。此类选料广泛，鱼、虾、禽、肉、蔬菜、蛋类等均可，要求原料形状较小，外形多样，可用块、片、丝、条、丁等形。一般采用滑炒、煸炒、干炒、炸、熘、爆、烩等烹调方法；菜品口味偏重清爽、滑嫩、脆香。

3. 大件菜。由整只、整块、整尾等形状较大的原料烹制而成。分量较大，装入大盘中上席的菜肴和两种不同的菜肴装在一只大盘中（也称热菜双拼）的菜肴称为大件菜。它一般采用扒、烧、烤、蒸、炸、脆熘、㸆、炖、焖、氽等多种烹调方法烹制。大多数菜肴质地酥烂，味道醇厚。

4. 甜菜。甜菜主要是指呈现单一甜味的菜肴，不包括复合味的微露甜味或其他味与甜味并重的菜肴，如糖醋、茄汁味的菜肴。甜菜的原料大多为植物性，动物性的较少。一般采用拔丝、挂霜、蜜汁、冷冻、蒸、氽、炒等不同烹调方法烹制而成。多数是趁热上席，在夏令季节也有供冷食的。

5. 点心。点心是宴席中不可缺少的内容。配备的种类、品种、数量取决于宴席规格的高低。一般掌握在2～3道为宜。每道可选用一个品种，也可以把两个品种拼装在一个盘中作为一道菜上席。点心在宴席中也有一定的配合要求和上席程序，咸甜配合，先咸后甜；干湿配合，先干后湿。宴席中通常选用粉、糕、团、饼、面、饺、酥等品种，高档宴席要选用花点、细点。

6. 水果。有的宴席需要上水果。但上席的数量和程序不同。有的先上，有的后上，有的先看后吃。例如，有的宴席中配备四干果、四鲜果，并且同时上席。鲜果只能先看，第一道菜（也称“头菜”）上桌后把四鲜果撤下；四干果不动，谓之“压席碟”。当上甜菜时，四鲜果再上席（也有的最后上），才能吃。宴席中的配备水果的情况各地不一，可视具体情况而定。

（二）宴席中各类菜肴的比例关系

在配置宴席菜时，应注意冷菜、热菜、大菜、点心、甜菜的成本在整个宴席成本中的比重，以保持整个宴席中各类菜肴质量的均衡，防止冷盘过分好、热菜过分差或相反的情况。

1. 一般宴席：冷菜约占15%，热炒菜约占35%～40%，点心和大菜约占45%～50%。

2. 中等宴席：冷菜约占25%，热炒菜约占30%，大菜和点心约占45%。

3. 高级宴席：冷菜约占20%，热炒菜约占25%，大菜和点心约占55%。

宴席中，各类菜肴的比例关系也不是一成不变的，可根据宴席的规格来，本着因席制宜的原则灵活掌握。

（三）上菜程序

宴席菜的上菜程序没有统一规定，应根据各地风俗习惯和宴席性质而定。一般原则是先冷后热、先咸后甜、先淡后浓的菜，先大菜后热炒菜或热炒菜与大菜穿插上席，即上完冷菜后紧跟着上“头菜”，再上2～3道热炒菜，再大菜，热菜和大菜后上甜菜，点心最后或在中间上，最后上饭菜。

（四）宴席的准备

宴席的准备也是与宴席配菜相联系的工序。准备工作的好坏，直接影响到宴席的进行。为了使宴席顺利进行，必须做好如下几个方面的工作：

1. 要有明确的分工。从厨人员要有明确的分工，并有专人负责把已确定的菜单、开席时间、上菜程序以及宴会的性质、参加人数事先向工作人员宣布，做到各负其责，使各项工作有条不紊地顺利进行。

2. 检查用具、用料，在宴席进行前必须事先检查全部原材料品种是否齐备，数量是否充足，质量有无问题。如发现问题，应及时补足或准备好代用品；必要时也可更换菜肴内容。检查全部用具，包括厨房用具和餐席上的用具是否齐全，是否符合要求等。

3. 事先做好各种干货的发料、加工和各种主配料的处理。烹调方法复杂的与加热时间较长的菜肴应事先进行预处理或烹制。

4. 检查炉灶，做好各种用火的准备。

5. 掌握好上墩、上灶的时间，保证准时开席。开席时必须严格按照菜单要求的程序上菜，以免发生重复上菜或遗漏上菜的差错。上菜的快慢，厨房要与服务员密切配合，视宴会进行的速度而定，防止太快或太慢，影响客人兴致或变相赶客的现象。

6. 恰当选用盛器。盛器的选择直接影响到整桌菜肴的质量，所以必须恰当地选用盛器。盛器的选择要根据宴席的规格，菜肴的品种与色彩的协调，形状的配合，大小的适应等几方面来考虑，并必须配套，事先进行消毒，放在适当的位置，便于临灶人员取用。

〔附〕　宴席实例

一、燕翅席

四干果：蜜饯　葡萄干　桂圆　糖球

四鲜果：香蕉　桔子　苹果　鸭梨

四三拼冷盘：

叉烧肉　凤尾鱼　鸳鸯卷尖

拌三丝　姜汁松花　海米泡鸭掌

火腿　香酥干贝　辣黄瓜皮

盐水虾　油焖冬笋　椿头拌蛏子

十大件：名吃高汤燕　名吃佛手鱼翅　炸三样（鲜桃虾纸包鸡　清炸蛎黄）　葱烧海参拼烹鸭腰　烤鸭（带荷叶饼　葱白　甜面酱）　柳叶鸽　蛋银耳汤（带咸点心）　扒三样（花篮虾仁　鲍鱼　瓤竹笋）　烤虾段拼油爆鲜贝　清蒸鲥鱼　四喜八宝饭（四样四种口味，带甜点心）

二、燕菜席

四干果：桃仁　果脯　脆枣　冰糖

四鲜果：甘蔗　水蜜桃　葡萄　西瓜

四双拼冷盘：麻酱海参　卤牛口条　盐水虾　辣莴苣

油焖笋　炝西施舌　火腿　油拌蜇头

十大件：清汤燕菜　炸三样（灯笼三鲜　鸭肝　鸡排）蟹黄海参拼虎皮鸽蛋　清蒸八宝鸡　银耳鲍鱼汤　（带咸点心）　生菜㸆全虾　扒三样（瓤鸭掌　西施虾球裙边）　红烧广肚拼冬菇菜心　烤加吉鱼　炒八卦鸳鸯泥（带甜点心）

四饭菜：汆两色鱼丸　三鲜汤　清炒蛏子　扣肉

三、鱼翅席

什锦拼盘：鱼松　㸆大虾　辣白菜　松花　清蒸火腿　五香小肚　卤口条　五香鸡　海米拌韭黄　冬粉鸡丝　芥末鸭掌

十大件：蟹黄鱼翅　炸两样（鸡签　凤尾虾）　鱼皮烧海参　扒三白（鲍鱼　芦笋　瓤鱼肚）　清蒸炉鸭　三鲜鸽

蛋（带咸点心） 爆双脆拼糟溜鱼片 烤小鸡拼干烧冬笋 五缕加吉鱼 蜜汁山药墩（带甜点心）

饭菜：什锦火锅

四、鱼翅席

冷菜：花拼一个（孔雀开屏）

六围碟：麻酱海参 海米拌黄瓜 珊瑚藕 姜汁海螺 炝乌鱼花 鸡丝冻粉

十大件：三鲜鱼翅 炸两样（雪丽银鱼 桃红鸡卷） 葱烧海参围镶菜心 扒原壳鲍鱼 云片鸭（带咸点心）番茄凤尾虾拼炒西施舌 狮子滚绣球 鸡油四素 清炖桂鱼 琥珀莲子（带甜点心）

饭菜：煎氽蛎黄 炒素什锦

五、海参席

冷菜：花拼 （凤凰戏牡丹） 六围碟（蒜泥蜇头 芥末什锦 㸆冬菇 面鸡胗 海米炝芹菜 韭黄西施舌）

四大件八炒菜：蟹黄海参（大件） 炸两样（柳叶鱼 清炸鸡胗肝） 扒鱼肚鸭腰 烧四丝 锅烧鸭（大件） 三鲜汤（带咸点心） 元宝肘子（大件） 油爆海螺 瓤蹄筋拼海米油菜 番茄松鼠鱼（大件） 拔丝金枣（带甜点心）

四饭菜：炒肉丝烹汤 煎丸子 糟熘鱼片 奶汤白菜

六、便餐席

四双冷拼：酱肘花 椿头拌豆腐 姜汁松花 红肠

五香熏鱼 辣白菜 卷尖 炝贻贝

四大件六炒菜：海参肉片（大件） 炸春段 爆炒双花 白扒蹄筋 清蒸鸡（大件） 茄汁鱼片 京爆里脊 海米烧油菜 红烧黄鱼（大件） 拔丝苹果（大件）

饭菜：大卤 炸酱

思考题

1. 什么叫配菜？配菜的意义是什么？
2. 配菜的重要性表现在哪几个方面？
3. 配菜的基本要求是什么？
4. 配菜的一般原则和方法是什么？
5. 常见菜肴的命名方法有哪些？
6. 什么是宴席配菜？有哪几种类型？
7. 宴席配菜的基本要求是什么？
8. 简述宴席配菜的基本常识。
9. 开列几桌不同规格的宴席菜单。

第六章　凉菜拼摆

凉菜拼摆，就是根据食用要求，把经过刀技加工的凉食原料整齐、美观或成图案及实物形象地装入盘内。拼摆的质量取决于刀工技术的好坏和拼摆技巧的熟练程度。

凉菜，又称为冷菜、冷盘、冷荤，是中国菜肴中别具特色的一大类别，是酒席中不可缺少的内容。一般情况下，凉菜是酒席上与食用者接触的第一道菜，素有菜肴“脸面”之称，具有先入为主的作用。因此，凉菜拼摆的好坏直接影响着整个酒席的质量。如果刀工精细，拼摆又富有艺术性，整个凉盘色、香、味、形、器等俱佳，就能引起食用者旺盛的食欲，对整体酒席留下良好的印象。反之，刀工粗糙，拼摆不当，即使热菜烹制得再好，也会影响人们对整桌酒席的评价。

第一节　凉菜拼摆的特点和要求

一、凉菜拼摆的特点

凉菜拼摆的原料大多是熟料，即使是生料，也是可供直接食用的。因此，凉菜拼摆与热菜制作有着明显的不同。其主要特点反映在以下几个方面：

1. 烹制。热菜必须经过加热才能成为菜肴；而凉菜则是不完全需要经过加热即可成为菜肴，即使经过加热的，一般也要冷却后才食用。凉菜多是先烹调后切配，而热菜却与其相反。有的凉菜品种可以大量制做，并且保管时间较长。

2. 刀工。因凉菜拼摆的原料多是熟料，而且经刀工处理的熟料随即装盘入席，所以，刀工在凉菜中的应用较热菜更为细致、讲究。例如，切熟火腿时，光用锯切不行，而要与其他刀法结合运用。具体操作是先采用锯切切肥肉膘，待刀刃进入瘦肉时，再改用直刀切下，这样可以保持肉面光滑，防止瘦肉用锯切引起散碎起毛，影响美观。再如，在拼摆白斩鸡、酱鸭、五香鸡等一些带骨的整料时，往往只用剁不行，还要运用批、拍、剁的混合刀法。具体操作一般与剁生料相反，左手要按住被剁物，以防原料跳动，从后向前逐块剁下，使剁成的块既整齐又能保持原有的形状。因此，刀工在凉菜中的应用极为重要，要求也非常严格。切配人员不仅刀法纯熟，而且在切配的过程中要做到对所拼摆凉盘胸有全局。只有对所加工的原料心中有数，才能刀起刀落得心应手，有条不紊。

3. 口味。凉菜的口味特点是干香、脆嫩、爽口，这样，凉菜的味道入口后才能逐渐感觉到，而且是味透肌里，越嚼越香，品有余味。

4. 造型。凉菜的造型主要靠拼摆形成，而热菜靠刀工和加热后才能形成。凉菜的造型多样，易于变化，与刀工和配色有着密切的关系。

5. 食用。凉后食用是凉菜的一大特点。食用时一般不受时间限制，是酒席上的第一道菜，起先导作用。而且便于携带，食用方便。有的可作为柜台、橱窗的陈列品，起广告作用。

二、凉菜拼摆的要求

凉菜拼摆的要求有以下八点：

1. 有益于食用。制作凉菜的目的是食用，拼摆装盘的目的是更好地食用。所以，不管拼摆制作什么样的冷菜，首先都应以食用为前提，同时兼顾色、香、味、形的合理组合，防止拼摆一些华而不实的冷盘（专用于陈列的冷盘例外）。

2. 协调美观。拼摆要注意不同颜色原料间的搭配和映衬。丰富的凉菜原料都有不同的颜色，但因其原料本身的性能、形态和口味的不同，又不能随意搭配调和。这就要在拼摆时充分利用各种原料具有的颜色，合理地进行搭配间隔。整个凉菜如果把颜色相近的几种原料拼在一起，必然显得单调。反之，在拼摆时有计划进行选择，合理排列，使各种色彩浓淡相间，互相映衬，自然显得整个冷盘色彩鲜艳柔合，给人以美的感受。拼摆中的原料色彩不同于绘画，绘画可以根据需要把几种原色按比例调合成各种需要的颜色，而拼摆却不能把几种颜色搅合在一起，而是把几种不同颜色的原料拼摆到一只盘子里，所以必须进行合理搭配。例如把熏鱼、松花蛋、酱猪肝拼摆在一只盘里，就显得色彩深暗而单调。如果换上一种或两种白色、黄色、绿色的原料，冷盘就变得鲜艳夺目。

3. 硬面和软面结合。所谓硬面，就是用质地较为坚实，经刀工处理后具有特定形状的原料排列而成的整齐而具有节奏感的表面；所谓软面，是指不能整齐排列的，比较细小的原料堆砌起来所形成的不规则的表面。在各种冷菜中，硬软面都应当结合使用，以达到互相衬托的作用，例如红肠与海米炝芹菜，酱牛肉与冻粉拌鸡丝，分别拼摆在两只盘里，其中的红肠和酱牛肉是硬面，冻粉拌鸡丝和海米炝芹菜是软面，这样互相搭配就比较合适。反之，把红肠和酱牛肉拼装在一只盘里，而把另两种拼装在另一只盘里，其效果就很不理想了。

4. 花样手法富于变化。一桌酒席中一般都有几只冷盘，拼摆时不能千篇一律，否则会单调呆板。必须运用多种刀法和手法，拼摆成多种花样图案的冷盘，使之多彩多姿，引人喜爱。适当运用食品雕刻技术装饰美化冷盘也很受欢迎；但不可过度摆布，给人以堆砌庸俗的感觉。应特别注意食用的效果。

5. 选用好盛器。俗话说“美食不如美器”，说明盛器的选用对于冷荤拼摆是很重要的。盛器的外形同原料拼摆成的形状、图案要协调，盛器的颜色同原料本身的色彩要和谐，这对于整个冷盘的外观都有很大影响。所以，要很好地选择盛器，该用鱼盘的就用鱼盘，该用圆盘的就用圆盘，用红花盘显得美观的就不用蓝花盘。特别是某些拼摆成动物、花卉等象形冷盘，盛器的选用更为重要。如孔雀开屏，拼在鱼盘内就不如拼在大圆盘里显得生动逼真；而炝乌鱼花单拼在洁白的盘里就不如装在带有红花或绿叶花边的盘内美观。

6. 防止菜与菜间的“串味”。例如，把辣白菜与肉丝炝芹菜同装在一盘中，就会相互串味，两种菜的味道就都不清爽纯正了，影响质量。

7. 注意营养、讲究卫生。凉菜不仅要做到色、香、味、形、器具美，同时还要注意各种原料之间营养成分的搭配和拼摆时的卫生。因为凉菜装盘后就要食用，没有再加工的过程，所以要特别注意卫生，不能将原料在手中长时间地摆弄，更不能生熟不分地拼摆，应该使拼摆后的冷盘完全符合营养卫生的要求。

8. 节约用料。在拼摆的过程中要合理用料，在保证质量、形态的前提下，应尽量减少不必要的损耗，注意处理好下角料，使原料达到物尽其用。

第二节　冷盘的拼摆步骤和手法

凉菜按一定的规格要求和形式拼摆在盘内，称为冷盘。冷盘的种类很多，其分类方法也各不相同，现以组成冷盘原料品种的多少和拼摆的形式为依据，把冷盘分成以下三大类，并分别叙述拼摆步骤。

一、冷盘的种类

冷盘的种类，按拼摆技术要求，可分为花色冷盘和非花色冷盘两大类。就非花色冷盘来讲，又可按原料品种多少分为一般冷盘和什锦冷盘。下面分别介绍。

（一）一般冷盘

凡是用5种或5种以下的凉菜原料，经过一定的加工，运用简单形式，装入盘内，称为一般冷盘。一般冷盘是最基本的凉菜拼盘。从内容到形式比较容易掌握，但要具备较好的基本功。常见的有单拼、双拼、三拼、四拼、五色冷盘等几种类型。

1. 单拼（也叫单盘、独碟）。就是每盘中只装一种凉菜。其要求是整齐美观。例如，可以用码面或堆砌的手法拼成两头低中间高的桥形（马鞍形），也可拼成方形、馒头形或屋脊形等。

2. 双拼（两拼）。就是把两种不同色泽的凉菜装在一个盘内。双拼要注意色彩和口味的合理搭配，有的讲究软硬面结合。拼摆的形式既可以码面，又可以围边，总之要整齐美观。

3. 三拼。就是把三种不同色泽的凉菜装在一个盘内。这种拼法很适宜在中间排成整齐的表面和码成三个相对称的马鞍面。

至于“四色冷拼”、“五色冷拼”都属于同一类型，不过是多了几种凉菜，安排上略复杂一些。

（二）什锦冷盘

什锦冷盘是把6种或6种以上不同色泽的凉菜，经过适当的加工，整齐地拼摆在一只盘内的冷盘。这种冷盘的拼装技术要求高，外形要整齐美观，特别讲究刀工和装盘技巧，并且色彩搭配合理，口味多变且互不受影响。

（三）花色冷盘

花色冷盘是指用一种或几种凉菜原料，经过精巧设计和加工，在盘中拼摆成某种花鸟鱼虫景物等象形图案的一类冷盘。花色冷盘素来以它优美的造型而先取悦于人，它不仅给人以色型美的享受，而且以味美可口供人们食用，深受欢迎。主要特点是：艺术性强、难度大，特别是图案的设计和拼摆的技巧生动典雅。

二、拼摆步骤

冷盘拼摆有其内部规律。因什锦冷盘拼摆步骤和手法与一般冷盘基本相同，所以下面分两类作些简单介绍。

（一）一般冷盘拼摆步骤

1. 垫底。拼摆时把一些边角碎料和较次的原料垫在盘底，叫做垫底。垫底是先堆大体形状，为盖面拼摆打好基础。

2. 盖面。就是用质优而形态整齐的原料把垫底原料全部盖住，并排列出整齐的表面。一般采取刀面盘，即把质量最好、刀技加工最整齐、排列最均匀的原料铲在刀面上，然后托着把它盖在垫底的原料上面，使冷盘达到整齐丰满美观的效果。

3. 衬托。就是在适当部位放置一点青菜叶、红樱桃、萝卜、雕花等作为装饰品，对整个冷盘加以点缀，使之更为悦目和谐。当然，不是所有的冷盘都需要进行衬托的，千篇一律，喧宾夺主都是极不可取的。

（二）花色冷盘拼摆步骤

1. 构思。拼摆花色冷盘首先根据酒席的规格要求，确定好冷盘的名称并构思好图案，然后动手拼摆。如果有把握可以直接选料拼摆；否则，需要按照构思提前试摆，或先画好图案后选料照图拼摆。

2. 选料。构思定题设计好图案后，进行选料。选料时需要根据所构思的图案要求，从质地、颜色和刀工处理后的形状等多方面去考虑，用哪些原料最合适，哪一部分需要雕刻，用哪些原料盖面，用什么料垫底，以及哪些原料适宜于拼摆哪些部位等，做到心中有数，才能合理选用原料。此外，也应考虑选用适用的盛器。

3. 拼摆成形。就是按所设计的图案，把选好的原料进行适当的刀工处理，在盘内拼摆成形。具体操作又可分为三个阶段：

(1) 基本轮廓。首先用一些可塑性强的原料在盘内拼摆，要表达出形象轮廓的基本形态。这是完成冷盘图像的基础，也是勾画拼摆粗线条阶段。轮廓的好坏直接影响整个冷盘的拼摆效果。

(2) 组装成形。把不同颜色的原料加工成形按图案形象的要求，分部位拼摆成一个完整的整体。具体有两种手法：一种是先在菜墩上按部位顺序排列好，再码在盘内的轮廓上。另一种是把加工好的原料拼贴在盘内的轮廓上。具体手法的选择，要根据厨师的习惯和技艺熟悉程度而定。

(3) 恰当点缀。拼摆成形后，根据需要恰当地点缀。点缀是指在拼摆成形的盘中空隙处和适当的位置增加装饰品，起画龙点睛的作用，以求主体冷盘的完美。并不是所有的花色冷盘都需要点辍。

三、凉菜拼摆的手法

凉菜的装盘是较复杂的，但各地所采用的手法却大致相同，归纳起来一般有堆、复；排、叠；摆、围三类。

（一）堆、复

堆，就是把加工成形的原料堆放在盘内。此法多用于一般拼盘的软面，也可以堆出多种形态，如宝塔形、假山风景等。

复，就是将加工好的原料先排在碗中或刀面上再复扣入盘内或盘内垫底的菜面上。原料装碗时应把整齐的好料摆在碗底，次料装在上面，这样扣入盘内后的凉菜，才能整齐美观，突出主料。

（二）排、叠

排，就是将加工好的凉菜摆成行装入盘内。用于排的原料大多是较厚的方片或腰圆形的块（形如猪腰子的椭圆形的块）。根据原料的色、形、盛器的不同，又有多种不同的排法，有的适宜排成锯齿形，有的适宜排成腰圆形，也有的适宜排成整齐的方形，也有的适宜排成其他花样。总之，以排成整齐美观的外形为宜。

叠，就是把切好的原料一片片整齐地叠起来装入盘内。一般用于片形，是一种比较精细的操作手法，以叠阶梯形为多。叠时要与刀工密切结合，随切随叠，叠好后铲在刀面上，再盖在已经垫底围边的原料上；另外，也有一些将韧性的原料切成薄片折叠成牡丹花、蝴蝶等，其效果也很好，这要根据需要灵活运用。

（三）摆、围

摆，又称贴，就是运用精巧的刀法把多种不同色彩的原料加工成一定形状,在盘内按设计要求摆成各种图形或图案。这种手法难度极大,需要有熟练的技巧和一定的艺术素养,才能将图形或图案摆得生动形象。

围，就是把切好的原料，在盘中排列成环形。具体围法有围边和排围两种。所谓围边，是指在中间原料的四周围上一圈一种或多种不同颜色的原料。所谓排围，是将主料层层间隔排围成花朵形，中间再点缀上一点原料。如将松花蛋切成桔子瓣形的块，既可围边拼摆装盘，又可用排围的方法拼摆装盘，

总之，要根据酒席和拼摆设计的要求灵活掌握。

第三节 凉菜拼摆实例

一、一般拼盘

（一）双拼

原料：熟红肠 100 克，芹菜心 150 克，水发海米 50 克，盐 2 克，味精 2 克，香油 25 克，姜 2 克，花椒 10 粒。

操作程序：

1. 将芹菜心摘叶洗净，切成 3 厘米长的段，姜去皮切成细丝。然后将芹菜段放入开水中略烫，捞出立即放入凉水中过凉，捞出控净水，放碗内，加盐、味精拌匀，撒上海米和姜丝。勺内加香油、花椒，炸出香味后去掉花椒，浇入芹菜碗内，盖上平盘闷片刻。

2. 选用较细的红肠，切成 0. 1 厘米厚的椭圆形片，然后沿平盘边一片压一片摆成花环形，中间放上炝好的芹菜即

成。

技术关键：红肠要切得厚薄大小均匀，片压片时要距离相等，用沸水烫芹菜的火候要掌握得当，保持鲜脆。

质量要求：红肠排列整齐美观，绿芹菜堆放多少适度，形似花朵，口感咸鲜香麻、味透，芹菜脆嫩。

（二）三色拼盘

原料：午餐肉150克，酱牛肉150克，蒸蛋糕120克，菜松适量。

操作程序：

1. 将午餐肉、酱牛肉、蛋糕分别切成6厘米长的大块，把不够块的料分别装入一只平盘内垫底。

2. 将午餐肉切成30片（长6厘米，宽3厘米，厚0. 1厘米）。先用8片在墩上排叠成阶梯形，铲在刀面上，斜立在垫底原料的一旁，形成整齐的面（辅面）。用同样的方法斜立在与其首面相称的辅面，然后把剩余的14片叠成阶梯形（称为主面），铲在刀面上，覆盖在对称辅面的正中而形成马鞍形。

3. 以上述方法将蛋糕、牛肉分别拼成马鞍形，使盘内三堆不同颜色的马鞍形互相映衬。

4. 将菜松放在盘内适当的位置点缀即成。

操作关键：三种原料的刀技加工要长短、大小、厚薄一致，三个马鞍形要整齐划一，相互映衬。

质量要求：三色码面冷盘难度较大，亦称基本功拼盘。有六个辅面、三个主面、码成三个马鞍形而组装成一个整体。其中辅面一致，主面中间成等三角形，要求整齐划一。

（三）四色拼盘

原料：酱口条250克，红肠250克，辣黄瓜条250克，白煮鸡脯条250克，烫好的小油菜心4棵，红萝卜花一朵（月季花），姜汁适量（姜末、盐、味精、醋、香油调成）。

操作程序：

1. 将口条切成长 7 厘米，宽高各 1 厘米见方的条，在盘中四分之一的空间处叠摆成规则的方形。

2. 以上述方法依次将鸡脯肉、红肠、黄瓜条分别在盘内叠摆成同样的方形而组装成对称整齐、一致的四个高桩方形。

3. 将油菜心分别放入方形的空间，四方形中间放上雕刻好的月季花，把姜汁浇在鸡脯上即成。

操作关键：选料讲究，加工拼摆一致，手法娴熟。

质量要求：口味各异，色泽相间，整体对称。

（四）五色拼盘

原料：酱猪肝 100 克，黄蛋糕 100 克，火腿 120 克，盐卤黄瓜 100 克，罐头竹笋 100 克，菜松适量。

操作程序：

1. 将猪肝加工成直径为 6 厘米的半圆形块，两面剞宽锯齿形花刀，切成 0. 2 厘米厚的片共 14 片，在盘内五分之一处叠摆成一个枫叶状。

2. 以上述方法将火腿、黄瓜、竹笋、黄蛋糕刀技加工后拼摆入盘内，组装成近似五瓣花形。

3. 五瓣相接处的中间高高地堆放菜松即成。

操作关键：选料确切，加工细腻，拼摆手法巧妙。

质量要求：五彩缤纷搭配合理，味道各异，融合一体，别具一格。

二、什锦拼盘

原料：酱口条 60 克，红肠 60 克，黄蛋糕 60 克，白蛋糕 60 克，盐水冬菇 60 克，黄瓜 100 克，酱猪肝 60 克，罐头竹笋 60 克，酱牛肉 60 克，拌蜇头 120 克。

操作程序：

1. 将红肠、黄瓜、酱猪肝、口条、竹笋、牛肉、黄蛋糕、白蛋糕分别加工成直径6厘米的半圆形，在弧形面剞锯齿形花刀，分别切成0.1厘米厚的薄片，然后在大圆盘内拼摆一圈呈花环形，各料所占面积基本相等。

2. 将冬菇去根蒂，剞片状花刀，摆在各色料的内环处，再将蜇头堆入盘中间即成。

操作关键：刀工精细，各片均匀，有的采用“刀面”拼摆法，各色间隔自然一致，弧度齐而合理。

质量要求：

多料多味，配料适合，切片均匀，拼摆精致悦目。

三、花色拼盘

（一）雄鹰展翅

原料：水发海参100克，罐头鲍鱼100克，酱猪肝120克，火腿80克，酱牛舌60克，辣黄瓜皮80克，水发猴头蘑50克，白蛋糕5克，黄蛋糕20克，五骨鸡50克，盐水虾50克，酱牛肉50克，双色蛋糕50克，菜松、青酥干贝适量，香菇拌鸡丝100克。

操作程序：

1. 用香菇拌鸡丝在大圆盘内摆上雄鹰的轮廓，把海参调味后加工鹰尾形；再把鲍鱼切小椭圆形薄片，由尾向头逐层摆成鹰身。

2. 猪肝、火腿、牛舌、辣黄瓜皮分别切成大小不等的柳叶片，按猪肝、火腿、牛舌、黄瓜皮的顺序摆成雄鹰飞翔的双翅。

3. 猴头蘑调味后片成片，摆在头部与腿部的位置上，用黄瓜、双色蛋糕、酱牛肉、盐水虾分别加工成大小不等，形态各异的片状，在雄鹰的下端，拼成连绵起伏的群山，其下边摆上干贝松和菜松，再适当点缀些花草即可。

操作关键：刀技加工细腻，色彩搭配合理，拼摆注意形态和顺序。

质量要求：形体生动逼真，立体感强，味道多样，美观实用。

（二）迎宾花篮

原料：火腿100克，黄白蛋糕100克，辣黄瓜皮80克，如意卷100克，姜汁乌鱼条50克，蒜汁海蜇头50克，白煮肉80克，盐水大虾5个，椒油鸡丝100克，红萝卜刻成的月季花两朵，芹菜叶适量。

操作程序：

1. 先用鸡丝在大圆盘内摆成花篮底部轮廓。

2. 分别把白煮肉、如意卷、白蛋糕、辣黄瓜皮、火腿加工成花篮的花纹后切成片，按上述原料排列顺序逐层摆在花篮的底部。

3. 把黄蛋糕剞上柳叶花刀，切成柳叶片，摆成花篮的把，其中心用盐水虾摆成梅花；两侧用姜汁乌鱼丝和海蜇头摆成菊花和牡丹花，再摆上两朵月季花即成。

操作关键：花篮底座轮廓大小高低恰到好处，刀工精细，排列整齐，层层间隔恰当。

质量要求：花蓝色彩鲜艳悦目，形态逼真，充满春意，既可欣赏，又可食用。

（三）花开蝶舞

原料：紫菜卷80克，红肠80克，黄蛋糕80克，盐水肉80克，罐头鲍鱼80克，青肠30克，午餐肉40克，盐水虾2个。

操作程序：

1. 把紫菜卷、红肠、黄蛋糕、盐水肉、罐头鲍鱼分别加工成椭圆形大块后切成片，其碎料在盘内摆成梅花的轮廓，再把每种颜色的片摆成一个花瓣，组成五色的梅花，以黄瓜和红樱桃点缀花心。

2. 用午餐肉、红肠、盐水虾经加工后，在梅花侧面摆成两个飞舞的小蝴蝶即成。

操作关键：梅花各瓣大小均匀，间隔适宜，彩蝶搭配自然合理。

质量要求：拼摆花开蝶舞形象、丰满食用。

(四) 孔雀开屏

原料：黄瓜皮 80 克，鸽蛋 12 个，如意卷尖 60 克，火腿 80 克，酱猪心 100 克，水烫莴苣 40 克，黄白蛋糕各 20 克，罐头竹笋 30 克，红樱桃 14 个，用萝卜雕孔雀头 1 个，菜松适量，拌海蜇丝 30 克。

操作程序：

1. 将鸽蛋整个打入羹匙内入笼蒸熟，黄瓜皮切成棱形剞花刀后加盐、味精略腌。

2. 用拌海蜇丝在盘内摆成孔雀开屏轮廓，依盐卤黄瓜皮、蒸鸽蛋、酱猪心（切凤尾片）、卷尖、火腿为顺序由尾向前摆成开屏扇面。

3. 把黄、白蛋糕，水烫莴苣，罐头竹笋分别切成柳叶形，拼成孔雀的身躯和双翅，摆上孔雀头，再用樱桃加以点缀，其前部放上菜松和小花即成。

操作关键：孔雀头的雕刻形象活泼，色彩的搭配和谐悦目。

质量要求：刀工细腻，形态灵活，有孔雀立于花草丛中的意感，起到引人食欲的效果。

（五）金鸡报晓

原料：松花蛋4个，青、红辣椒各40克，黄、白蛋糕各30克，嫩黄瓜20克，酱猪舌40克，火腿20克，水发香菇30克，椒油鸡丝40克。

操作程序：

1. 把青、红辣椒（20克），嫩黄瓜切成柳叶片调味，再用红辣椒加工成鸡冠子，用蛋糕加工成鸡嘴和爪。

2. 用椒油鸡丝在盘内摆成金鸡的轮廓，把松花蛋切成长梳子背形的块，摆成鸡尾。

3. 把酱猪舌、火腿、黄白蛋糕分别切成柳叶形，依白蛋糕、黄瓜、火腿、黄蛋糕、猪舌、青辣椒、红辣椒、海带为顺序由尾向头部拼摆。头部放上香菇丝，摆上鸡冠、嘴和眼睛，用香菇摆成鸡腿，按上鸡爪即成。

操作关键：轮廓线条清晰，片薄而匀，色彩间隔自然，拼摆细腻。

思 考 题

1. 什么叫凉菜拼摆？
2. 凉菜拼摆的特点有哪些？
3. 凉菜拼摆的要求有哪些？
4. 冷盘可分为哪几类？有何区别？
5. 简述一般冷盘与花色冷盘的拼摆步骤，分别举例说明。
6. 凉菜拼摆的一般手法有哪些？简述具体操作方法。

第七章 食品雕刻

第一节 食品雕刻的意义及特点

一、食品雕刻的意义

食品雕刻，是将某些烹饪原料采用特殊刀具，刀法加工成平面或立体的人物、花草、鱼虫、鸟兽等具体形象的一门操作技艺。它是烹饪技术与艺术造型的结合，是一项非常精细的操作技术，具有较高的艺术性。食品雕刻是在食品原料范围内进行的，属于艺术雕刻范畴，它与石雕、玉雕及木刻等有着共同的美术原理。食品雕刻的目的是点缀装饰菜肴，美化宴席，烘托气氛，增加色、形的感染力，诱人食欲，给人以高雅优美的享受。目前，食品雕刻技艺在烹饪中得到了广泛的应用，深受广大食用者的欢迎和喜爱，已发展成为我国烹饪技术中不可缺少的一个组成部分。

食品雕刻是我国烹饪技术中一项宝贵的遗产，它是在石雕、木刻等雕刻的基础上逐步形成和发展起来的，也是劳动人民在长期实践中创造出来的一门餐桌上的艺术。最初的食品雕刻仅仅用于敬神、祭祖等场合中，因当时生产力低，劳动人民没有理想的食物来敬神、祭祖，所以用一些蔬菜伪造某些物体形象，以表达心愿。到了宋代，食品雕刻已开始用在酒宴场合。在元代周密著的《武林旧事》中，也有过明确的文字记载。明清时期，扬州等地出现了瓜雕。据专家们分析，那时，这类雕刻大多数专供观赏，也是富人炫耀富贵的一种方式。可以说，从那时起我国的食品雕刻技艺已经形成。新中国成立后，这门技艺才得到人们的重视和发展，最初也只是用于西餐酒席和招待外宾等重要场合。近几年来，随着我国国际地位的提高，人民生活日益丰富，旅游事业空前兴旺，加之食品雕刻技艺的良好影响，这门技艺才得以迅速发展和普遍应用，而且艺术性越来越高，品种花样更加丰富多彩了。中国菜已驰名中外，而当今中国的食品雕刻也在国际上享有很高的声誉，使很多国外友人赞叹不已。从发展眼光看，食品雕刻这门技艺有着广阔的前景。

二、食品雕刻的特点

食品雕刻是烹饪技术与造型艺术的结合，是一项非常精细的操作技术，具有较高的艺术性，其主要特点是：

1. 构思的形象适应饮食习俗，富有生活情趣的雕刻实物形象，一般都是从正面去表现，给人以欢快、赏心悦目的形象，从而达到装饰菜肴，美化宴席的目的。

2. 雕刻的原料大多选用含水分多，脆性，具有天然色彩的瓜果，蔬菜类。这些原料既取材方便、价格低廉，又便于雕刻，具有烹调特色。但是这类原料容易腐烂变质和萎缩，不宜久藏，在雕刻使用中都要采取有效措施，尽量延长使用时间和保持雕刻成品的形象。

3. 雕刻的刀具特殊，与一般的冷热菜切配工具和操作方法有着明显的区别。这些刀具一般都具有轻薄、锋利、小巧、灵便的特点，有的还需厨师根据雕刻需要自行设计制造。

4. 雕刻成型的品种大体可分为两大类：一类是专供欣赏而不作食用；另一类是既供欣赏又可食用。但由于雕刻成品欣赏价值高，就餐者一般不舍下箸，很少有人去食用。

第二节　食品雕刻的工具及执刀方法

食品雕刻的工具，统称为雕刻刀。其品种繁多，形态、大小各异，有些是由厨师根据需要用铜片、不锈钢片等自己设计制造的，没有统一的标准和规格。目前虽有专业生产厂家开始生产，一时也难以实现标准化。从使用范围上，大体可把刀具分为刻刀和模型刀两大类。雕刻刀小巧玲珑，使用方便，用途广泛，技术性强；模型刀具本身带有某种图案实体，操作简便，成形速度快，比较实用，但立体感略差。现将常用的几种刀具介绍如下。

一、刻刀类

（一）平口刀

平口刀一面有刀刃，刀背呈直线状，刀刃有斜口尖刀，刀身基本形成三角形；还有一种是刀口后平直，前尖倾斜，形似普通的水果刀。刀把的处理，有折叠和固定式两种（如下图所示）。主要用于切片、削皮、刻花、雕鸟等，是雕刻的必备工具之一。根据用途可分为大小两种规格。

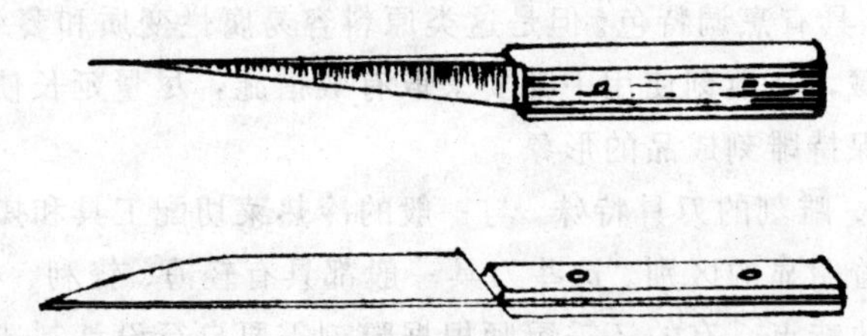

1. 一号平口刀。此刀有两种样式，一种是刀身长约14厘米，宽约2. 8厘米，刀刃后段平直，前部刀尖略有斜度。另一种是刀身长约10厘米，后宽前尖，宽段约为2. 2厘米，刀刃直斜成尖刀状。它们主要用来切割分形、削皮，给花瓣或某些雕刻分线打槽等，是雕刻的必备刀具之一。

2. 二号平口刀。形状与一号平口刀相同，也有两种样式，刀身长约 7～8 厘米，后部宽为 1. 6 厘米，刀身长短以便于操作为度。此刀是食品雕刻主要的常用工具，多数花卉、鸟兽、人物等造型都离不开它。

执刀法：用食指、中指、无名指、小指弯曲握住刀把，刀刃从食指和大拇指间伸出，刀刃的用力及活动范围主要靠四指关节的上下运动，大拇指掌握运动的力度，有时伸开贴在原料上，有时辅助四指执于刀身上。当然，执刀法不是固定不变的，有时要根据雕品的需要略加改变（如下图所示）。

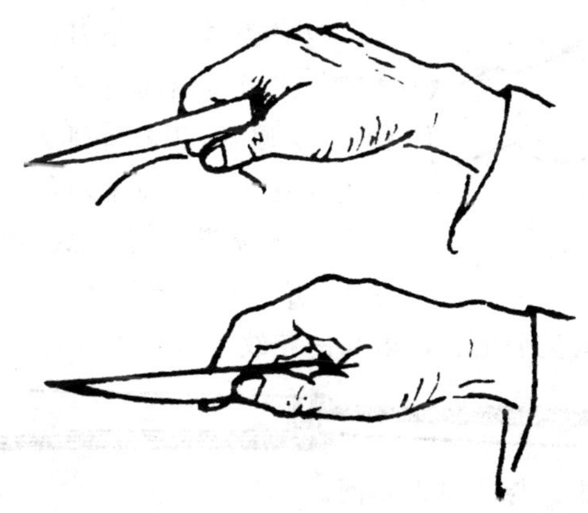

（二）圆口刀

圆口刀的刀身长约 13 厘米，两端都是刀刃。刀刃口径一头大一头小，均呈半圆弧形，中间部分为刀把，刀把有圆柱形和略阔于两端的弧形（如下图所示）。这种刀从大到小一般由若干把组成一套。刀口最宽处的直径为 21 毫米，最窄处的直径为 3 毫米。每一号两端刀口处的直径相差 2 毫米，号与号之间依次类推。其用途较广，是一些细条形、半圆形的花卉如菊花、西番莲，部分动物羽毛、冬瓜盅、西瓜盅的打沟、戳孔等雕品所必须的刀具。具体刀号规格的选用要根据所雕图案形象的需要而定。

执刀法：大拇指、食指捏住刀把，指肚紧压在刀把上；小指、无名指、中指三指靠拢中指前端托着刀把，所要用的刀口朝下，凹面朝上，保持稳定，用力要均匀，使用要灵活（如下图所示）。

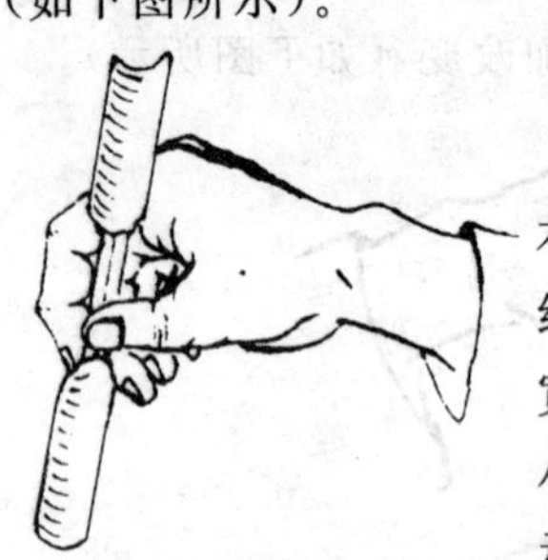

（三）三角口凿刀

这种刀具一头是刀刃，一头镶有木把，刀刃口倾斜呈三角形，刀身长约6～7厘米，刀槽深度为0.6厘米，宽有1厘米和2厘米两种，每套由大小不同规格若干把组成（如下图所示）。其用途主要是雕刻一些带角度的花卉、鸟类羽毛、浮雕品的花纹等。

执刀法：与圆口刀相同。

（四）方口凿刀

这种刀具的刀身与刀口均呈半正方形的槽形，刀把镶有木把，每套由大小口径的三把组成（如下页图所示）。主要用于雕刻瓜盅，打方槽、方空等。

执刀法：与圆口刀相同。

（五）单槽弧线刀

这种刀具一头为刀刃口，一头镶木把，刀口有向上弯曲和向下弯曲两种，刀身长 5～6 厘米，弧度一般为 150^0 左右。槽深度 0.3 厘米，宽为 0.5 厘米(如下图所示)。此刀制做有一定难度，多用于雕刻一些鸟类的胫部羽毛和弧度大的菊花等。

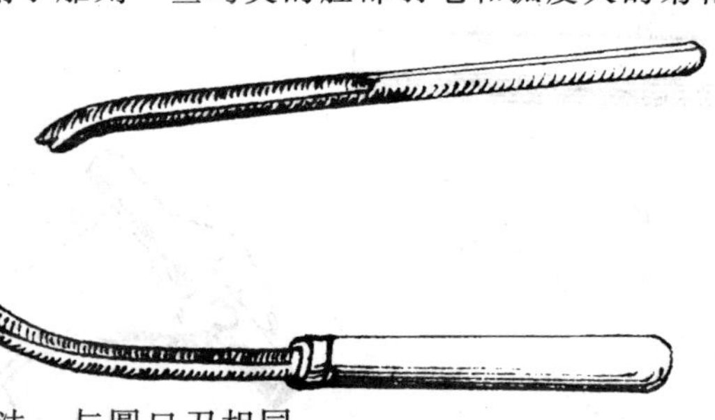

执刀法：与圆口刀相同。

（六）多槽曲线刀（又称水纹刀）

多槽曲线刀是由多个圆口刀槽组成的。刀身高宽均为 8.5 厘米左右，一头刀刃，一头是圆柱形刀把，刀口处形成多槽曲线状（如下图＜左＞所示）。主要用于切割一些锯齿、水纹状的块、片、花边等食物原料，操作简便，形成的花纹图案美观。

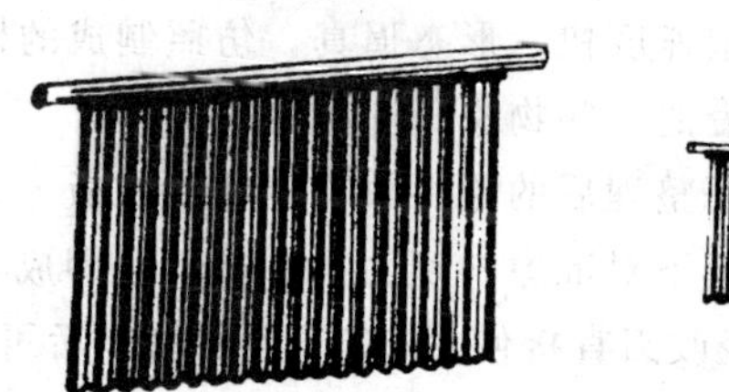

执刀法：将刀身站立，大拇指捏紧刀把的左面，其他四指并拢，紧贴在刀身的右面，雕刻时对准原料由上向下用力

即可（如上图＜右＞所示）。

（七）圆筒刀

圆筒刀的刀身长约 8 厘米，一头粗，一头细，中间空心，两头都是刀刃，主要用于刻花蕊轮廓、鱼鸟的眼睛等。

执刀法：将圆筒刀直立，所需要的刀口朝下，大拇指和食指捏紧刀身中间，由上向下用力即可（如下图所示）。

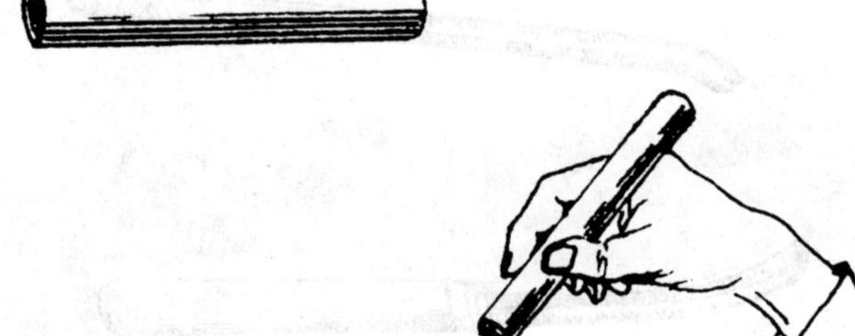

二、模型刀具

（一）动植物模型刀

动植物模型刀，种类繁多，形态大小各异。它是仿照自然界某种动植物的形象，用铜片、不锈钢片制成的一类象形刀具。其共同的特点是一头有刀刃，中间是空心、为模型实体，操作简便，成型速度快，形态逼真，仿照制成的模型都是人们生活中所喜爱的一些物象。

执刀法：将选好整理后的原料放在菜墩或案板上，然后手持模具刀，刀刃朝下对准原料用力向下挤压透即成。取出的象形物，有的不经改刀直接使用，有的需要切片后再用，还有的需要修整一下再用，以增加象形的立体感。具体成型的处理，要根据需要灵活掌握。150～151 页图为部分常用的模型刀具，供参照使用。

（二）文字模型刀

文字模型刀也是用铜片或不锈钢片制成的汉语文字、英语字母等字样的一类刀具。这是选用一些宴会中常用的，有乐趣而吉祥的文字，如喜、寿、欢迎、龙凤呈祥等，用这种刀具雕刻成文以示其意，既快又好。

第三节　食品雕刻的原料

用于食品雕刻的原料很多，大体可分为生熟两大类。凡质地细密、坚实、色泽鲜艳的瓜果、根茎类蔬菜及某些结构细腻、无骨无刺的固态熟食品，都可作雕刻的原料。在选用时，要根据雕刻的实物形象，从宴席需要出发，合理选用生料或熟料。选用生料时要选择脆嫩而不软，皮薄而无筋，肉实而不空，色泽鲜艳而光洁的。选用熟料时，要选择比较结实细腻而有韧性，不易破碎的原料。下面列举介绍一些常用的生熟原料。

一、生原料

（一）萝卜

萝卜是食品雕刻最主要最理想的原料。其品种、颜色、形态多样，质地脆嫩、水分足、易雕刻，便于成型。常见品种有白萝卜、青萝卜、胡萝卜、紫心萝卜（又名心里美）等。不仅可以雕刻各种花卉，也可以雕刻多种动物、山石、亭阁等。

（二）薯类

用于食品雕刻的薯类原料，主要有马铃薯（又名土豆）、红薯（又名地瓜），颜色、形态各有不同，主要用于雕刻一些花卉、盆景和动物形体。这两种原料都含有大量的淀粉和鞣

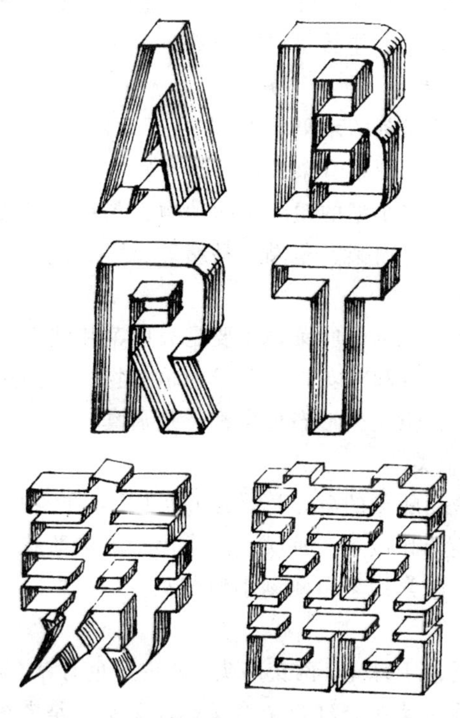

酸，遇氧后易变成褐色或黑色，因此，在雕刻中要求速度快，及时用水冲洗，以保持成型的色彩。

（三）瓜类

瓜类原料一年四季均有，品种也较多。常用瓜类有冬瓜、西瓜、倭瓜、南瓜、黄瓜、香瓜等。这些瓜类不仅可以雕刻大型的瓜盅、人物、花瓶、盆景等，也可以雕刻一些小型的如蝈蝈、蝴蝶、青虾、花蕾等。瓜类雕刻形式多样，不仅可供欣赏，同时具有食用价值，如冬瓜盅和西瓜盅等都是深受食用者喜爱的艺术佳品和甜味佳肴。

（四）水果类

用于食品雕刻的水果较少，其主要原因：一是成本高，二是雕刻难度大，三是有果核，四是易碎易变色。所以，一般只限于雕刻一些小型的粗线条的动物、花卉及组装中的某一部分。常用的有白梨、苹果、马蹄等。

（五）叶菜类

用于食品雕刻的叶菜，主要是大白菜和油菜。常用来雕刻一些菊花品种和作花坛、盆景的填衬物等。如用大白菜雕刻的卷毛菊、银丝菊形态色彩都特别逼真。

（六）葱类

用于食品雕刻的葱，主要是元葱（又名洋葱）和大葱。元葱有白、浅紫和微黄三种颜色，常用来雕刻荷花、睡莲、玉兰花等。大葱常用葱白雕刻小型菊花等。

（七）苤兰

苤兰近似于球型，两头略尖，外皮颜色有紫、红两色。紫色苤兰又称紫菜头，红色苤兰又称红菜头，是雕刻月季、牡丹花的理想原料。

二、熟原料

（一）糕类

用于食品雕刻的糕类，主要是厨师根据雕刻的需要蒸制的蛋白糕和蛋黄糕。常用来雕刻凤凰头、孔雀头、白兔、宝塔及简单的花卉等。这类原料雕刻难度大，必须有耐心，不仅要考虑原料性质，更要考虑艺术效果、卫生消毒等因素。成品多用于热菜的工艺菜中。

（二）蛋类

用于食品雕刻的蛋类很多，如盐水鸽蛋、咸鸭蛋、松花蛋、鹌鹑蛋、熏蛋、茶蛋等。常用这些蛋类雕刻荷花、雪莲、菊花、仙桃、白兔、小鹿、金鱼等。

（三）肉制品

用于食品雕刻的肉制品主要有火腿、午餐肉、香肠、灌肠等，主要用来雕刻一些简单的花朵和小型的动物。

除上述介绍的原料外，还有一些生料和熟料也可用于雕刻，这要根据季节、地区的不同因题选料，因料施艺。

第四节　食品雕刻的种类

食品雕刻从用料和表现形式上可分为以下四大类。

一、整雕

整雕是指用一块原料雕刻成一个具有完整形体的实物形象。整雕的特点是：具有整体性和独立性，毋须其他物体的支持和配衬，自成其形；不管从哪个角度观看，立体感都很强，具有较高的欣赏价值。这种雕刻难度大，需要具有一定的雕刻基础。如花瓶、松鹤等。

二、组装雕刻

组装雕刻是指用两块或两块以上的原料，分体雕刻成型，集中组装成某个完整物体的形象。其特点是：选料不受品种限制，色彩多种多样，雕刻方便，成品富有真实感。是一种比较理想的雕刻形式，尤其是适宜一些形体较大或比较复杂的物体形象雕刻。用此方式雕刻，要有整体观念，有计划地分体雕刻，部分一定要服从于整体，组装时互相衔接、拼装

应密切配合好，使组装成的整体完美逼真。如孔雀开屏、喜鹊登枝等。

三、浮雕

浮雕是指在原料表面雕刻出向外突出或向里凹进的花纹图案。根据其表现形式，可分为凸雕和凹雕两大类。

凸雕（又称阳纹雕）：凡是把要表现的花纹图案向外突出的刻画在原料上的称为凸雕。

凹雕（又称阴纹雕）：凡是把要表现的花纹图案向里凹陷，刻留在原料上的称为凹雕。

浮雕的两种表现形式有着共同的雕刻原理，只不过表现手法不同而已。同一种花纹图案既可采用凸雕，也可采用凹雕。雕前要根据原料性质，图案形象等情况选择其表现形式，然后精心设计，明确要去掉和保留的部分。初学者可把要刻的图案先画在原料表面，然后再动手雕刻，以保证雕刻的效果。浮雕最适于冬瓜盅、西瓜盅、瓜罐等品种的雕刻。

四、镂空雕

镂空雕是指用镂空透刻的方法，把所需要的花纹图像刻留在原料上。其操作大体和凹雕相似。镂雕技术难度大，操作时下刀要准，行刀稳，不能损伤其他部分，以保持花纹图像的完整美观，如各种瓜灯、宝塔等，均可采用这种雕刻方式。

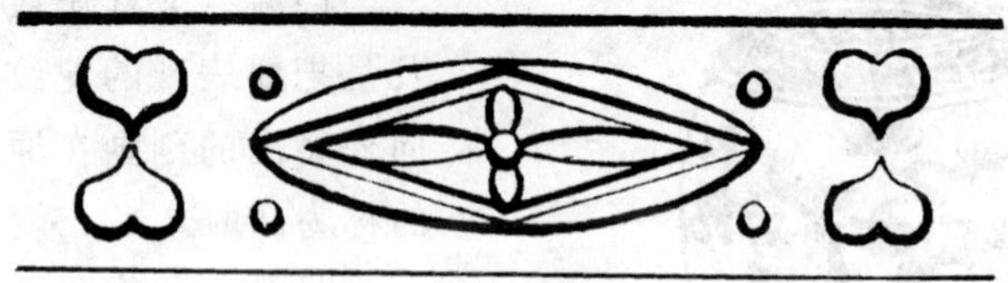

第五节　食品雕刻的刀法和步骤

一、食品雕刻的刀法

食品雕刻的刀法是指在雕刻某些品种的过程中所采用的各种施刀法。这类刀法不同于热菜和冷菜中所使用的刀法，具有一定的特殊性。具体使用，要根据原料的质地、性能及雕品需要灵活选用。要使雕品成型快，形象逼真，必须勤学苦练，熟练掌握各种刀法，注意技巧灵活运用。下面介绍几种常用的刀法。

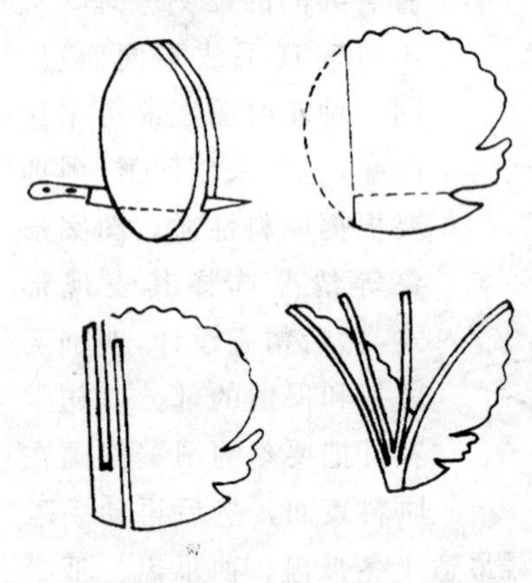

（一）切

切，一般是用平口刀或小型切刀操作，即把原料放在案板上切成所需要的形状，或者是把用模型刻出的实体切成片。

在食品雕刻中，切这一种刀法与刀工中的切操作方法基本相同，容易掌握，是一种辅助刀法，很少单独使雕品成形。

（二）削

削，是在进入正式雕刻前使用的一种最基本的刀法。主要用来将原料削得平整光滑，或者削出雕品所需要的轮廓。这实际上是用于对雕刻原料的初步加工。削法可分为推削和拉削两种。推削指刀刃向外，刀背向里，紧贴原料用力向前推削。拉削即刀刃向里，刀背向外，方向正好与推削相反。

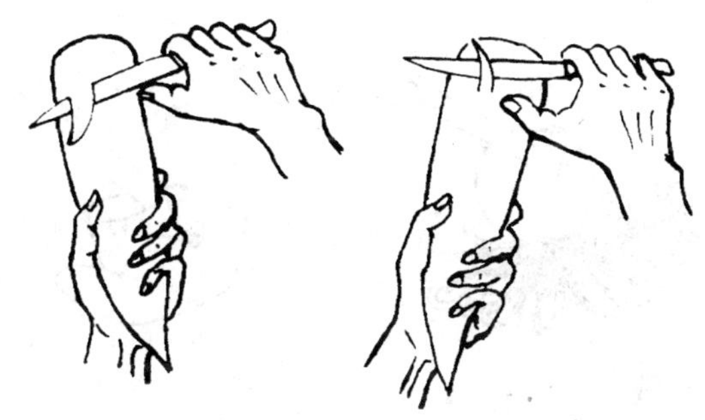

（三）刻

刻，是食品雕刻中的主要刀法，可采用平口刀、斜口刀、圆口刀进行操作（如下图所示）。除用于雕刻一些花卉、鸟类，还可雕刻一些人物、山石及楼阁台亭等，用途极广。根据刀

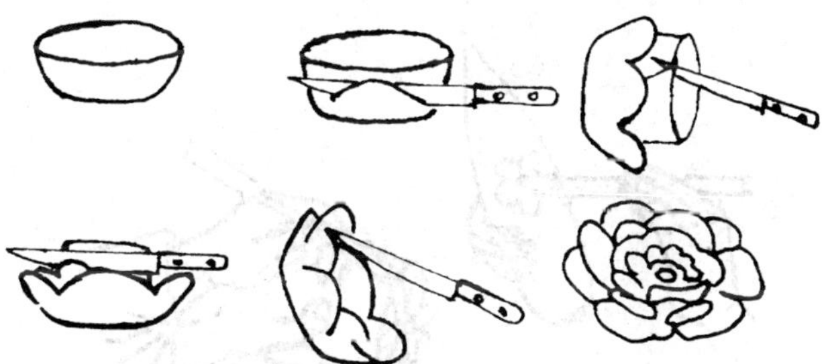

与原料接触的角度可分为直刻和斜刻。直刻指刀刃垂直于原料，平直均匀地刻下去；斜刻指刀刃倾斜于原料，有一定的

角度用力斜刻下去，刻成的雕品有一定的弧度。

（四）旋

旋是一种用途极广的方法。它既可以单独旋刻成某些雕品，又是多种雕刻所必须的一种辅助刀法，多采用于平口刀操作。具体操作时，左手持原料，右手持刀，刀刃倾斜向下，左右两手密切配合，随滚动原料进行旋刻（如下图所示）。主要用于雕刻一些弧度大的花卉，或旋去废弃部分。

（五）戳

戳，一般用圆口刀或凿刀操作，主要用于雕刻某些花卉和动物羽毛等，用途很广。具体操作时，左手托住原料，右手拇指和食指握住刀把，刀身压在中指上，对准要刻的原料，层层整齐地排戳下去，二层以上的要插空进行，有时要戳透

原料，多数是深而不透，具体应用要根据雕品要求而定（如上图所示）。

（六）挤压

挤压是一种比较简单的方法，主要适于模型刀的操作。具体操作时，将原料放在案板上，右手拿刀，刀口向下对准原料，手掌用刀向下挤压下去，然后取出模型中的原料即是要雕刻的实物形象（如下图所示）。

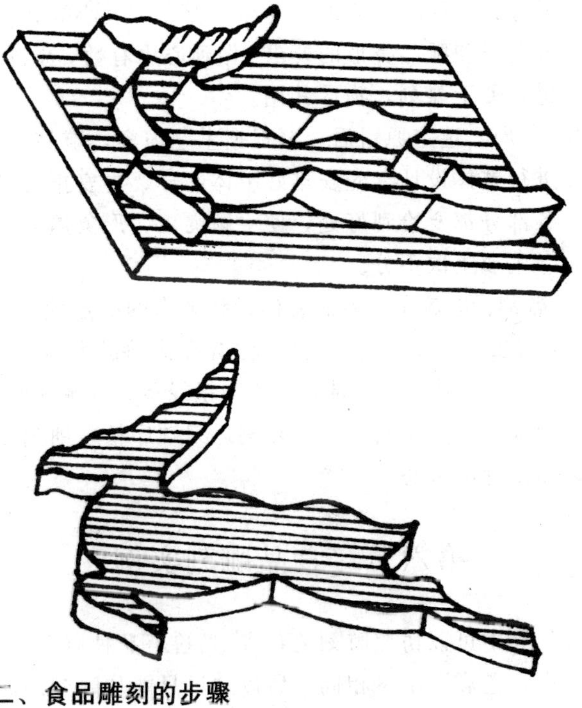

二、食品雕刻的步骤

食品雕刻技术比较复杂，必须有计划分步骤地循序进行，才能达到预期的目的。具体步骤如下：

1. 命题（又称选题）。根据使用场合及目的来确定雕品合适的题目。必须考虑到国家、民族的习俗，时令季节及宾客的身份、爱好等因素，使选择的题目新颖，恰到好处，富有意义。

2．定型。根据题意确定雕品的类型，如雕品的大小、高低及表现形态等。这一步是雕品能否达到形象生动和确切地表现主题的关键。

3.选料。所用原料要根据题目和雕品类型进行合理选择。选择时要考虑到原料的质地、色泽、形态、大小等，是否有利于完成题目和雕品类形的要求。做到心中有数，选料恰当，色泽鲜艳，便于雕刻，物尽其用。

4．布局。选定原料后，要根据主题内容，雕品的形象，对雕品进行整体设计。先安排好主体部分，再安排陪衬辅助部分。各部分都要恰到好处，使主题突出，形象逼真，决不能喧宾夺主或主次不分。

5．雕刻。这是实现雕品总体设计要求的决定性一步。因此，雕刻时要全神贯注，一气呵成。先刻出雕品大体轮廓，然后再动刀。先整体，后局部；先雕刻粗线条，后雕刻细线条。下刀要稳准，行刀要利落，按雕刻运刀顺序精雕细刻，直至完成雕品设计的形态。

第六节　食品雕刻实例

自然界中可以仿照雕刻的花卉、鸟兽等品种有上千种，每种的形态、色彩又不尽相同，所以这里只能从雕刻的原理和实际应用选择几种常用的、有代表性的品种加以介绍。

一、月季花

1．命题：一朵含苞欲放的月季花。

2. 定型：整雕，直径为6厘米，高度为5厘米。

3. 选料：紫心萝卜。

4. 布局：黄瓜皮修成绿叶，配以月季花。

5. 雕刻（如下图所示）：

（1）用平口刀把萝卜的前部切下7厘米长的一段，这部分纤维集中，颜色鲜艳，不宜刻断花瓣。

（2）将切下的萝卜削成半圆形，修成月季花的花坯，在底部一端平均分成五等分，确定5个花瓣的位置。

（3）在确定的花瓣位置上，由上向下直刻出5个花瓣，即为第一层。花瓣之间距离高度厚薄要一致。

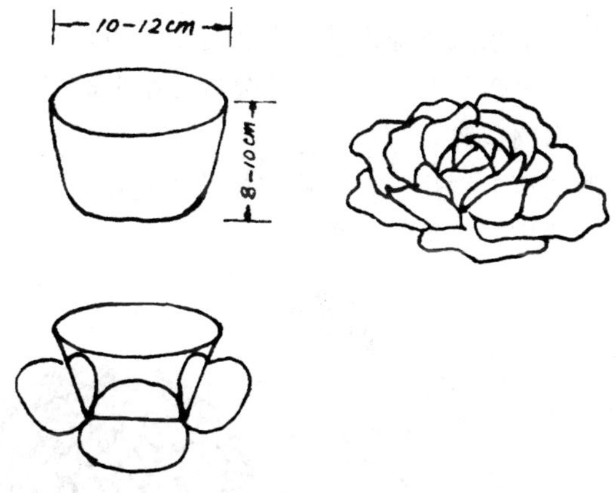

（4）在剩余的花坯上旋围一圈，去掉废料，形成第一层和第二层花瓣之间的空隙。旋时不能碰破第一层花瓣，并要旋得圆整光滑。

（5）在第一层花瓣中间落刀，插空刻出第二层的5个花瓣。

（6）重复（4）～（5）步骤，刻出第三层花瓣。

(7) 从第四层花瓣起要旋刻，使花瓣带有一定的弧度，并向里收口交错重叠进行雕刻，直至旋刻到萝卜中心花瓣包住花蕊为止。一朵含苞欲放的月季即成。

利用上述雕刻步骤和刀法，还可以雕刻牡丹花、令箭荷花、浮水莲等花朵，只要在花瓣的形态上略加修整即可。

二、西番莲（又名地瓜花）

1. 命题：一朵盛开的西番莲鲜花。

2. 定型：组装雕刻，高为 4 厘米，直径为 8 厘米。

3. 选料：白萝卜、胡萝卜。

4. 布局：芹菜叶为花叶。

5. 雕刻（如下图所示）：

(1) 将萝卜削成半球形的花朵大坯。

(2) 将平面朝下放稳，用 2 号圆口刀在半球 中心，剜一深为 2 厘米的圆窟窿。

(3) 取胡萝卜，用平口刀修成同萝卜窟窿同样大的圆柱形，把一端修成半球形，以做花蕊用。

(4) 用 5 号圆口刀，把胡萝卜刻成菊针式的花心，层与层之间要有空隙，并要插空进行。

(5) 在萝卜坯中央已剜出的窟窿内壁用 5 号圆口刀窄端从上往下戳一层小沟。

(6) 用 5 号圆口刀宽端在小沟外侧 3 厘米处下刀，由外向中心用刀，戳刻一周形成第一层花瓣，然后再用平口刀把刻花瓣留下的小沟旋平。

(7)用5号圆口刀宽端在第一层花瓣外围插空戳刻一周，再用4号刀窄端贴每二层小沟戳刻一周，用平口刀再旋刻去小沟刀迹，第二层花瓣即显出。

(8) 按照刻第二层花瓣的方法，逐渐向外戳刻，每层都要更换一次比本层大的圆口刀，戳旋反复交错进行，直到刻尽萝卜为止。

(9) 把刻好的胡萝卜花芯插入中心的窟窿内最好用牙签固定住，一朵盛开的西番莲即成。

三、菊花

菊花的品种繁多，其花形千姿百态，刻法和用料也不尽相同。下面只介绍龙爪菊和卷毛菊两个品种的雕刻。

(一) 龙爪菊

1. 命题：含苞欲放的菊花。

2. 定型：整雕。高度7厘米，直径5厘米。

3. 选料：青萝卜。

4. 布局：冬青枝叶为菊花枝叶。

5. 雕刻（如下图所示）：

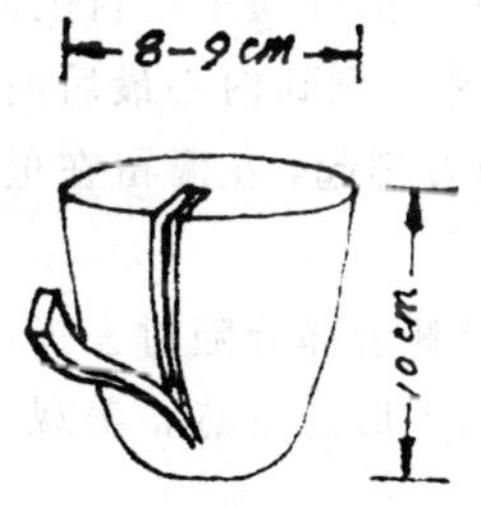

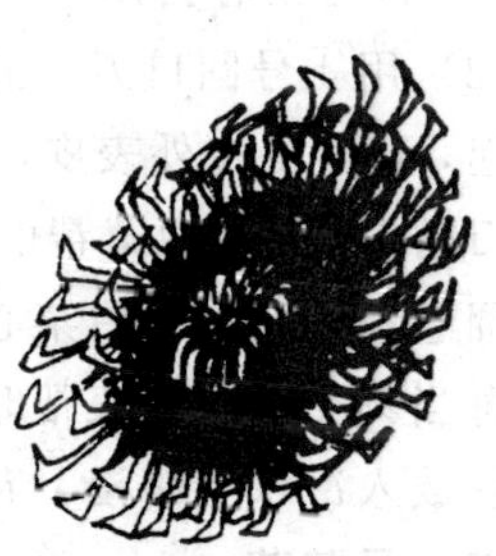

(1) 先将萝卜修成高7厘米，直径5厘米的倒圆锥体坯。

(2) 用圆口刀从萝卜平面处由上向下反转刻出菊针，转刻一周为一层，去掉萝卜上留下的刀痕，再旋平整。

(3) 插第一层花瓣的空，刻出第二层。依次循环，直至刻到花蕊。花蕊要略矮于外层花瓣，并要包住花蕊不放开。

(二) 卷毛菊

1. 命题：一朵盛开的菊花。

2. 定型：整雕。直径为 6 厘米，高为 5 厘米。

3. 选料：大白菜心。

4. 布局：芹菜梗叶作花的枝叶，菊花染成黄色。

5. 雕刻（如下图所示）：

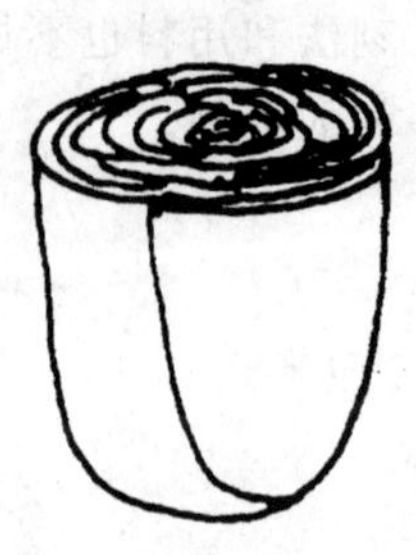

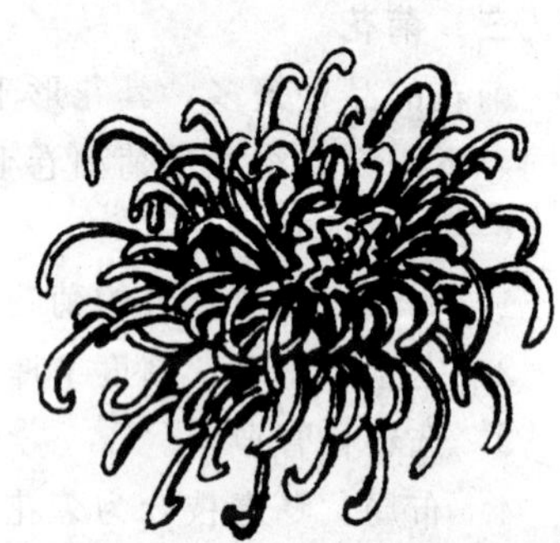

(1) 将白菜心去掉软叶部分，并在根部留足宽度和高度。

(2) 用 4 号圆口刀，刀槽向外，由外向里，自上向下层层刻起，花瓣留在外表皮，向外翻卷，刻到内心最后两层时，改用刀槽向里，从白菜帮的里皮动刀刻起，花瓣留在里皮层，向里翻卷，直至刻尽白菜心为好。

每当刻完一个白菜帮时，应把剩余部分随时去掉，全部刻完后放入冷水中略浸，花瓣卷起，形态自然，美观逼真。

三、马蹄莲

1. 命题：马蹄莲。

2. 定型：组装雕刻。

3. 选料：白萝卜、胡萝卜。

4. 布局：用白萝卜雕刻一个完整的花瓣，胡萝卜雕刻成花蕊，冬青枝叶为花枝叶。

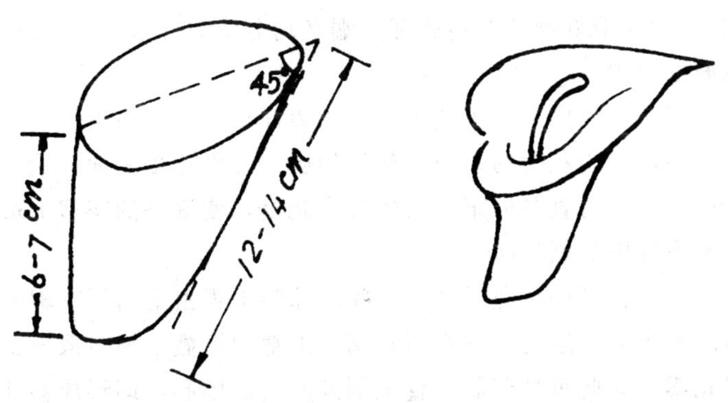

5. 雕刻（如上图所示）：

(1) 将白萝卜斜着切开，修成马蹄状花坯。

(2) 将切面边沿的棱打掉，略呈圆状，并修成向下反卷盛开的姿态轮廓。

(3) 用2号圆口刀将花坯中间挖空，然后用平口刀修得薄而光滑，在花瓣后宽部分上下刻出一个小缺口，形成一个自然的花状。

(4) 用平口刀将胡萝卜刻成弓形的花心。

(5) 将花心用牙签插装在花瓣里，使花心向后倾斜，朵组装的马蹄莲即成。

四、牡丹花

1. 命题：一朵盛开的牡丹花。

2. 定型：整雕，直径为6～8厘米，高度为5～6厘米。

3. 选料紫心萝卜。

4. 布局：青萝卜皮或黄瓜皮及芹菜叶等刻成牡丹叶形，配以牡丹花。

5. 雕刻：

（1）将紫心萝卜切成段，打出外皮造型。

(2)在造好型的原料底部一端平均分成五等份，确定5个花瓣的位置。

（3）在确定的每个花瓣位置的表面用平口刀由上而下刻掉一层，显出花瓣的表面，然后用圆口刀沿花瓣表面顶端边沿戳几刀，再直刻取第一层的五个花瓣，使刻好的花瓣上边沿呈不规则的锯齿状。

（4）在第一层花瓣两瓣之间的原料上再由上而下直刻一刀，显出第二层花瓣的表面轮廓，上部边沿戳上缺口取第二层花瓣，如此重复刻制，直至刻到原料的中心，即形成盛开的牡丹花（步骤如下图所示）。

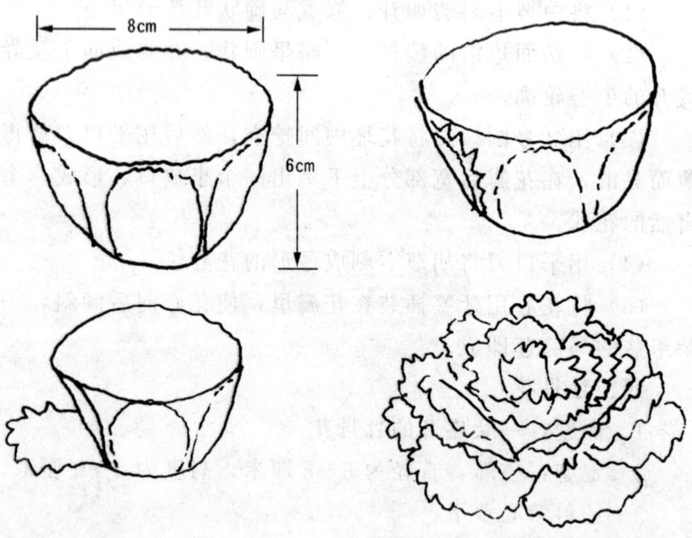

五、西瓜盅

1. 命题：金鱼戏莲西瓜盅。

2. 定型：凸雕。

3. 选料：深绿色的西瓜一个，约 3 千克。

4. 布局：西瓜根部盅盖，另取一块不同颜色的西瓜作盅的底座，什锦水果作食用部分。

5. 雕刻（如下图所示）：

（1）在西瓜的四分之一处，以瓜蒂为圆心画好盖的位置，用圆口刀或平口刀刻成曲线半圆槽状或锯齿状，将瓜开成两半。

（2）用汤勺将盅盖和盅体内的西瓜瓤挖尽。

（3）选用适当刀具按所设计的图案施刀雕刻，直至刻成全部图案。

（4）另取一块比瓜盅本身直径大的厚皮西瓜刻上适当花纹图案为底座。

（5）将盅体内装上什锦水果，不能太满，然后盖上盖再放到刻好的底座上即成。

六、凤凰头

1．命题：凤凰头。

2．定型：整雕。正面站立姿式，高度为10厘米。

3．选料：白萝卜，紫心萝卜，鸳鸯豆两粒。

4．布局：用白萝卜刻出凤头正面站立形象，用紫心萝卜刻出凤冠，用牙签插于头中心，用两粒鸳鸯豆按在萝卜上端作凤凰的眼睛。

5．雕刻（如下图所示）：

（1）将白萝卜切出10厘米高的段，按萝卜段大小分好凤头、颈、身的比例，用平口刀修削出大体轮廓。

（2）从嘴部开始，然后由上向下，刻出固定线条形样。

（3）用5号圆口刀在修好的形象上，戳刻上羽毛，刻一层要修一修，层与层之间要插空交错进行。

（4）将紫心萝卜削去外皮，刻成凤冠形态。

（5）把刻好的凤冠镶入头顶中心，并用牙签固定住，然后在凤头两侧的眼窝处装上鸳鸯豆，一般是与嘴的中心平行。这样，一个完整的凤凰头便雕刻成了。

第七节　雕刻成品的配色、保管及应用

一、雕刻成品的配色

雕品的配色是食品雕刻中不可忽视的一道工序。雕品通过配色可以更加鲜明地表达物体色彩的美观，增加艺术形象的感染力，提高欣赏价值。通常配色的方法有两种。

（一）利用天然色配色

天然色配色是利用原料本身固有的颜色，相互调配来满足雕品色彩需要的一种方法。例如，用紫心萝卜雕刻一朵月季花或牡丹花，其原料的自然色调近似于实体的花色，若单独使用显得色彩有些单调，如果加以芹菜叶或其他绿菜叶相配，红绿相映，色彩就显得特别自然逼真。再如，把凤尾装上不同色彩的原料，凤凰就可以显得更加鲜艳夺目。总之，这是一种值得提倡使用的配色方法。

（二）人工染色

人工染色是利用食用色素染色于雕品，以满足雕品色彩需要的一种调配方法。这种方法一般用于大型的雕品或花坛等。此外，因季节和原料的限制，有时只能用萝卜、土豆之类浅色原料来雕刻，如用白萝卜、土豆雕刻成月季、牡丹、金丝菊等，直接上席色调单一，与实花色彩不符，有损于雕品的效果，如依实花颜色加以染制，就显得色彩绚丽夺目，格外形象逼真。所以，有时必须对一些雕品进行必要的人工染色。染色的方法有泡和刷两种。染色前必须将雕品用凉水冲洗干净，防止雕品变色影响染色效果。然后把雕品放入按一定比例兑制的染色溶液中浸泡或刷色。

食用色素颜色鲜艳，但含有少量对人体有害成分，因此，

在染色时必须掌握有色溶液的浓度，染出的色要清爽利落，不影响其他雕品或食物。染色得当，能增加雕品的真实感；相反，运用不当，人为夸张，必然失真，失去染色的意义。

二、雕刻成品的保管

雕品原料中大多含有较多的水分和某些不稳定元素，如果保管不当，很容易变形、变色以至损坏。雕品又是一件艺术性很高且操作复杂的作品，必须妥善保管，使之尽量延长使用时间。雕品的保管通常有水泡法和低温保管法两种。

（一）水泡法

1. 冷水浸泡法。将雕刻好的生料成品直接放入冷水中浸泡。此种方法只适于较短时间的保管，若浸泡时间稍长，雕品就容易起毛，并出现掉色、变质、变软等现象。所以，用这种方法浸泡时，时间不宜过长，否则会影响雕品质量。

2. 矾水浸泡法。将雕好的生料成品放入百分之一的白矾水中浸泡。浸泡前要将雕品用清水冲洗。这种方法，能较长时间地保持质地新鲜和色彩鲜艳。保管过程中，要避免日光和冷冻现象，如出现白矾水发浑，应及时换新矾水继续浸泡，并要防止盐分、碱分混入溶液中，否则雕品易腐烂变质。

（二）低温保管法

将生料雕成的成品放入盛器中，注放凉水，水量以浸没雕品为宜。然后放入冰箱内，温度保持在1℃左右，以不结冰为宜，这样可以保存较长的时间，并且可以持续用2～3次。如大型花篮、花坛之类，一时不用最好不组装，分开保管；组装过的要拆散保管。

熟料雕品的保管，都是采用低温保管法。具体保管要求是：直接放入盘内装入冰箱，以不结冰为宜，否则雕品容易变形、变质。

三、雕刻成品的应用

雕品花样繁多，其应用也灵活多样，并无固定的格式和规则。一般应用有以下几种情况。

（一）雕品在冷菜中的应用

雕品在冷菜中主要用来点缀、衬托冷菜，给普通冷盘增加艺术色彩，给花色冷盘增加艺术感染力，提高欣赏价值。例如，在普通的冷盘中，适当点缀一些花朵或花边，就能使冷盘生色不少。在花色冷盘中雕刻某个关键部位，就能增加立体色彩，如在“孔雀开屏”冷盘中再放上一个雕刻的头部，就会显得特别生动形象。又如在结婚酒席冷盘中放上一个雕刻得很精美的红双喜，就更加突出了喜庆的美好气氛；在夏天的酒席上摆上一个西瓜盅，就显得特别雅致，招人喜爱；在高级宴会上，用上几个带雕刻的花色冷盘更增添了富丽堂皇的色彩。

（二）雕品在热菜中的应用

雕品在热菜中一般用于一些汤汁少或无汤汁的菜肴中。其中以在大件菜和造型菜中应用较多。如在烤鸭或烤乳猪的大盘边放上一朵牡丹花或月季花，就显得特别美观雅致；在油炸类菜中，适当点缀雕品，也能使菜肴生色不少。雕品要运用得当，一桌酒席中只能出现 1～3 个带雕品的菜肴为宜，过多反而显累赘。一定要注意应用效果。

（三）雕品在席面上的应用

雕品单独出现在席面上，一般都是高级宴会或筵席，特别是大型宴会使用得比较多。主要的形式是组装的花坛、迎宾花篮等。一般筵席上，只摆设一些盆景、鸟兽等小型的立体雕品。在席面上适当运用一些雕品装饰，可以渲染活跃筵席的气氛，提高筵席档次，为宾客增添欢快、愉悦的情趣。

思考题

1. 什么是食品雕刻？其目的是什么？

2. 食品雕刻的特点是什么？

3. 常用的雕刻工具有哪几种？简述雕刻工具的特点和主要用途。

4. 说明用于食品雕刻的原料应具备的特点及常用原料。

5. 简述食品雕刻的分类。

6. 举例说明食品雕刻的刀法和制作步骤。

7. 简述食品雕刻成品的配色，保管及应用。

8. 熟悉各种雕刻的实例。

图书在版编目（CIP）数据

烹饪原料加工技术/王树温主编．—4版．—北京：中国商业出版社，2000.5
ISBN 7-5044-1397-6

Ⅰ．烹… Ⅱ．王… Ⅲ．烹饪—方法—技工学校—教材 Ⅳ．TS972.11

中国版本图书馆CIP数据核字（2000）第26997号

责任编辑：刘树林

中国商业出版社出版发行
（100053 北京广安门内报国寺1号）
新华书店总店北京发行所经销
北京市书林印刷有限公司印刷
*
787×1092毫米 32开 5.75印张 126千字
2000年5月第4版 2017年7月第20次印刷
定价：6.60元
* * * *
（如有印刷质量问题可更换）